特高压换流站
运检培训教材
理论篇

国网安徽省电力有限公司超高压分公司　组编

中国电力出版社
CHINA ELECTRIC POWER PRESS

内 容 提 要

本书以特高压换流站直流运检实训基地的三种实训平台为基础编写，介绍了直流控制保护系统、换流阀及阀控系统、直流测量装置的理论培训内容。通过学习本书内容，学员可对相关知识进行整体学习，从而打下扎实的理论基础。

本书可作为电力企业直流输电工程技术人员的培训用书，也可供相关院校师生和专业人员参考阅读。

图书在版编目（CIP）数据

特高压换流站运检培训教材. 理论篇 / 国网安徽省电力有限公司超高压分公司组编. —北京：中国电力出版社，2023.12

ISBN 978-7-5198-8181-8

Ⅰ. ①特… Ⅱ. ①国… Ⅲ. ①特高压输电–换流站–运行–技术培训–教材②特高压输电–换流站–检修–技术培训–教材 Ⅳ. ①TM63

中国国家版本馆 CIP 数据核字（2023）第 183691 号

出版发行：中国电力出版社
地　　址：北京市东城区北京站西街 19 号（邮政编码 100005）
网　　址：http://www.cepp.sgcc.com.cn
责任编辑：杨　扬（y-y@sgcc.com.cn）
责任校对：黄　蓓　王海南
装帧设计：赵姗姗
责任印制：杨晓东

印　　刷：三河市航远印刷有限公司
版　　次：2023 年 12 月第一版
印　　次：2023 年 12 月北京第一次印刷
开　　本：787 毫米×1092 毫米　16 开本
印　　张：9.25
字　　数：200 千字
定　　价：48.00 元

编 委 会

编 写 组

主　　编　石永建　李　冀　杜　鹏

副 主 编　柯艳国　谢　佳　张学友　樊培培　罗　沙

编写人员　郭振宇　章　丹　阮　巍　黄道均　郭龙刚
刘之奎　朱　涛　汪太平　许　尧　翁良杰
彭明智　张　斌　韩　玉　胡永波　景　瑶
刘　翔　张昭源　邵　华　魏　南　施　雯
马　欢　汪　运　马　凯　沈国堂　杨乃旗
吴　翔　翁　凌　夏　熠　胡育蓉　黄伟民
顾孟飞　谢　铖　李永熙　廖　军　赵梦露
蒋欣峰　张俊杰　张　军　李　奇　李　腾
张东欣　吴士云　宋麒慧　周　正　胡　坤
吴永恒　沈　庆　付青太　郭大勇　王雄奇
张　亮　朱　俊　刘志林　陶梦江　樊　磊
杨　宇　李　刚　王福亮　袁洪德　王春阳
桂学祥　申　凯　贺成成　董浩声　张啸宇
崔忠营　郑海鑫　孙　昊　陈辽语　周雨西
刘载民　吴子悦　马帅琦　刘甜甜　李淑心

前言

±1100kV 古泉换流站（简称古泉换流站）是世界上电压等级最高、输送距离最远、输送容量最大的输电工程——昌吉—古泉特高压直流输电工程（简称吉泉工程）的受端换流站。目前，国网安徽省电力有限公司（简称安徽公司）面临着直流专业人才队伍年轻、实操经验浅，人才的培养和锻炼有效支撑不足，缺乏技能等级评价题库、考评员、实操系统等一系列实际问题，无法完全满足直流专业的人才队伍建设。同时安徽公司即将面临“陕电入皖”第二直流落点的建设，对直流专业人才有着迫切需求。

青年直流运检人才的日常培养往往以理论为主，存在理论和实操脱节的客观问题。仅依靠古泉换流站在运设备开展员工实操能力培训，存在局限性和有限性，无法满足面对设备突发异常和系统动作的正确分析和处置应对的能力需求。

特高压换流站直流运检实训基地建成于 2022 年 7 月，通过实训基地的建设，提供了与吉泉工程现场设备架构相同、功能相同的直流控保系统、换流阀及阀控、光 CT 和零磁通 CT 测量装置，极大丰富了安徽公司直流教培资源，填补了直流实操培训平台的空缺，为安徽省直流专业的发展打下重要基础。

本书针对该实训基地所提供的直流控制保护系统仿真实训平台、换流阀及阀控系统实训平台、直流测量装置实训平台，以理论培训和实操培训相结合的形式开展。理论培训主要对直流控制保护系统、换流阀及阀控系统、直流测量装置的相关知识进行整体介绍；实操培训则通过直流控制保护系统组建和联调工作、换流阀检查维修及试验、直流测量装置的检查维修及试验等内容，让学员充分参与，帮助学员更好地将理论与实践相结合，快速熟悉直流控制保护系统、换流阀及阀控系统、直流测量装置，并掌握相关技术技能。

为了便于一线人员现场使用和对照，书中部分设备名称和文字符号仍采用原用法，未按最新名称统一，如 CT、PT 等。

由于时间仓促，编写人员的水平和经验有限，书中的不妥之处恳请广大读者批评指正。

目录

1

直流控制保护系统理论培训

培训目标

通过本次培训，使学员能够全面了解特高压直流控制保护相关技术基础及原理，为直流控制保护系统实操培训提供理论基础。

培训形式

本章为直流控制保护系统理论培训，主要对直流控制保护系统相关知识进行整体介绍，介绍换流站控制保护系统的总体结构，对直流控制系统进行理论介绍，对直流保护配置和逻辑进行介绍，对SCADA系统进行介绍。

1.1 直流控制保护系统的发展历史

1. 国外生产厂商

ABB公司直流控制保护系统MACH2，1995年开发完成，龙政直流、三广直流采用；DCC800，2009年开发完成，复奉特高压采用；西门子（SIEMENS）公司提供的直流控制保护系统SIMADYN D被南方电网公司的天广直流和在建的贵广直流所采用，西门子已开始推广更新一代系统。

2. 国内生产厂商

南瑞继保引进ABB的MACH2技术，2010年，新一代UAPC平台的PCS－9550在天广改造中使用；许继电气引进西门子的SIMADYN D技术；四方电气，采用ABB的MACH2.5技术，为ABB合作方。

吉泉工程采用的PCS－9550系统是南瑞继保通过继承PCS－9500系统的经验与长处，同时吸收DCC800（ABB）、Win－TDC（西门子）新一代平台的优点，在摒弃其缺点的基础上，研发的新一代业界领先的直流控制保护平台PCS－9550高压/特高压直流控制保护系统。南瑞继保技术路线直流控制保护整体发展历程如图1－1所示。

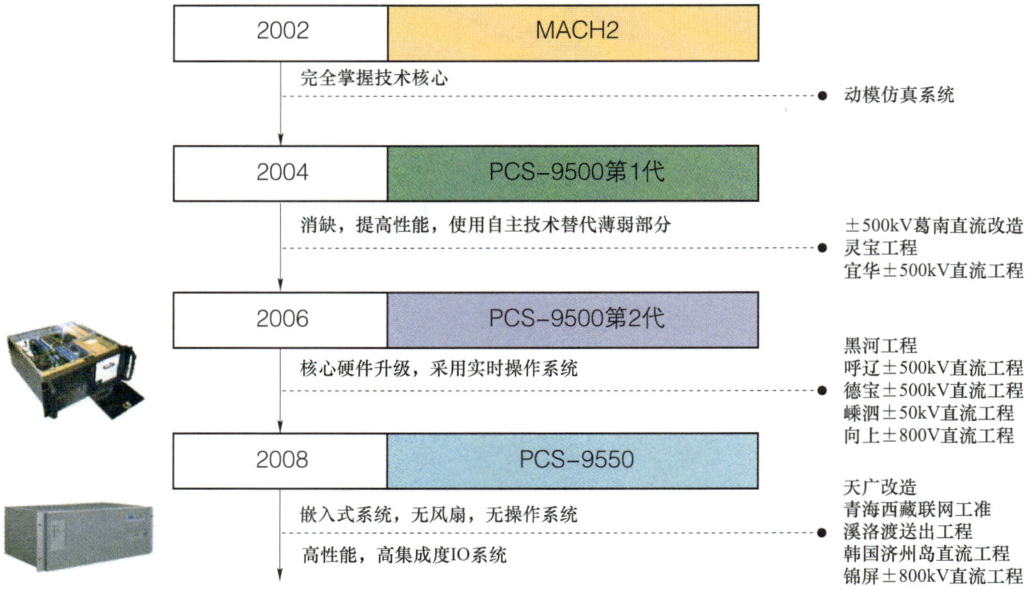

图 1-1　南瑞继保技术路线直流控制保护整体发展历程

PCS－9550 直流控制保护平台整体为嵌入式分散分布式系统，直流控制保护的应用软件代码层直接使用南瑞继保已投入工程实用的 PCS－9500 系统的代码并加以改进，具有成熟性和稳定性；硬件系统已广泛应用于交流数字化变电站的若干核心控制保护和高压直流控制保护设备中，并投入实际运行，硬件的可靠性已经过实际验证。PCS－9550 的核心控制保护功能与辅助功能软、硬件分离，核心控制保护功能采用无操作系统的架构，具有更为先进的系统自监视结构，系统切换时间可以在 1ms 内完成。系统所有环节均自主开发，不存在任何技术盲点；系统提供灵活方便的软件开发接口，支持分布式并行计算，便于应用功能开发及合理组织；系统采用 Unix/Linux/Windows 混合平台的 SCADA，满足直流工程对可靠性和安全性的要求；系统采用了自主研发的专用 HTM 总线实现机箱内板卡间数据通信，保证数据通信安全可靠；系统可以与基于 MACH2 技术的 IO 设备接口，便于对已建基于 MACH2 技术的工程以最低成本进行改造升级；系统具有较好的扩展性、互通性，具有较长生命周期。

1.2　直流控制保护系统的理论学习

1.2.1　极层控制

1. 双极功率控制

（1）控制原理。双极功率控制是直流输电系统的主要控制模式。极层控制系统控制直流功率为运行人员设定值或预先设定的功率曲线值。除线路开路试验外，这一控制模式对本工程定义的各种运行方式都适用。

双极功率控制功能分配到每一极实现，任一极都可以设置为双极功率控制模式。当一极按电流控制运行，功率控制确保由运行人员设置的双极功率定值仍旧可以发送到按双极功率控制运行的另一极，并可使该极完成双极功率控制任务。

如果两个极都处于双极功率控制模式下，双极功率控制功能为每个极分配相同的电流参考值，以使接地极电流最小。如果两个极的运行电压相等，则每个极的传输功率是相等的。当单极传输的功率不超过额定传输功率时，如果一极处于降压运行状态而另外一极是全压运行，则两个极的传输功率比与两个极的电压比是一致的。只有在单极大地回线方式运行时，或由于受设备条件的限制，亦或由于其他原因，不可能使接地极电流达到平衡，才允许接地极电流增大（正常工况，两极电流指令相同，出现功率损失时，处于双极控制的极会通过调节电流来补偿损失的功率）。

如果两个极中一个极被选为极电流控制，则该极的传输功率可以独立改变，整定的双极传输功率由处于双极功率控制状态的另一极来维持。在这种情况下，接地极电流一般是不平衡的，双极功率控制极的功率参考值等于双极功率参考值和独立运行极实际传输功率的差值。

双极功率控制原理如图 1－2 所示。

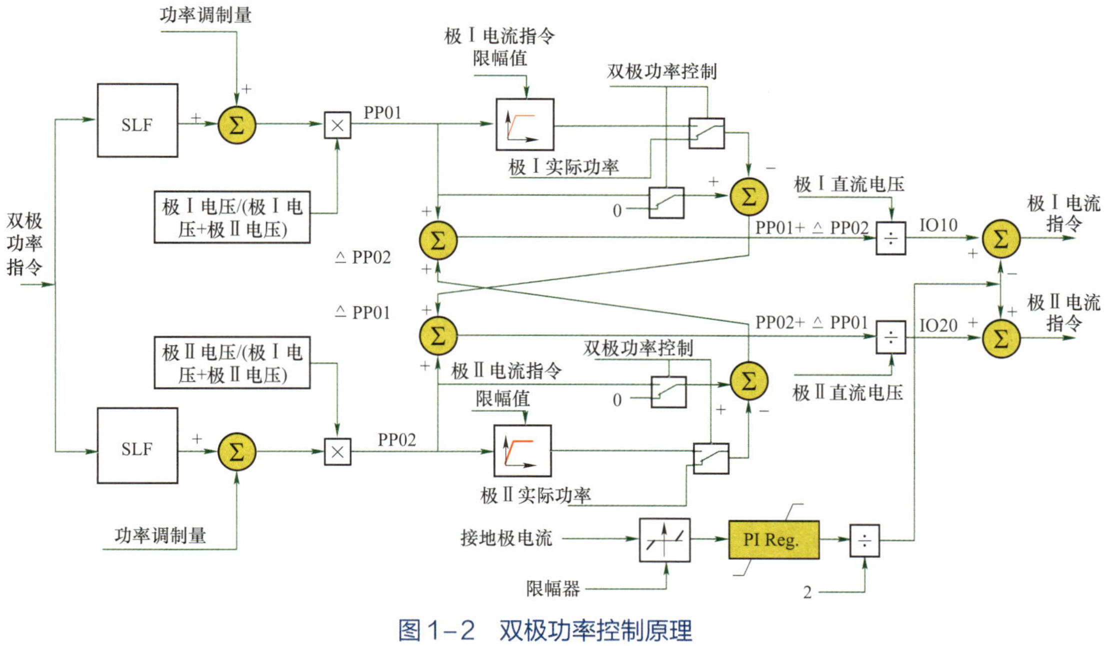

图 1－2 双极功率控制原理

（2）运行控制方式。双极功率控制具有手动控制和自动控制两种运行控制方式。顾名思义，手动控制就是通过主控站的运行人员控制部分的键盘和鼠标输入，设定双极功率定值及功率升降速率。可以选择线性变化至设定的双极功率定值，也可按照阶跃的方式变化到设定值。

采用线性变化的方式时，直流功率的变化率是可调的。功率升降速率以及升降过程均有显示，并且还设有中止双极功率升降按钮。一旦执行此功能，功率的升降过程立即被中止，功率定值停留在执行此功能的时刻所达到的数值上。采用阶跃的方式时，阶跃量可以人为设置。

当选择自动控制运行方式时，双极功率定值及功率变化率可以按预先编好的计划曲线自动变化。该曲线至少可以定义 1024 个功率/时间数值点。

运行人员应能自由地从手动控制方式切换到自动控制方式，反之亦然。在手动控制和自动控制之间切换时，不会引起直流功率的突然变化。直流功率平滑地从切换时刻的实际功率变化到所进入的控制方式下的功率定值，而功率变化速度则取决于手动控制方式所整定的数值。

在以下情况下，控制系统自动退出自动控制模式：① 站间通信故障；② 保护命令功率回降；③ 无功控制命令功率回降；④ 过负荷限制命令功率回降；⑤ 安稳装置命令功率提升/回降。

（3）故障或意外损失功率。如果由于某极设备退出运行，降压运行或其他原因使得该极的输电能力下降，导致实际的直流双极传输功率减少，双极功率控制将增大另一极的电流，自动而快速地把直流传输功率恢复到尽可能接近双极功率控制设定的参考值的水平，另一极的电流的增加受设备过负荷能力的限制。

由完整双极运行方式转为 3/4 运行方式后，损失的功率首先在剩余的 3 个换流单元之间按电压比例分配补偿，但要受到各换流单元过负荷能力的限制。

由于传输能力的损失引起的在两个极之间的功率重新分配仅限于双极功率控制极。如果一个极是独立运行，另一极是双极功率控制运行，则双极功率控制极补偿独立运行极的功率损失，独立运行极不补偿双极功率控制极的功率损失。

当流过极的电流或功率超过设备的连续过负荷能力时，功率控制向系统运行人员发出报警信号，并在使用规定的过负荷能力之后，自动把直流功率降低到安全水平。

对于一极甩负荷而将其功率快速转移到另一极的性能满足规定的“在一完整极闭锁需要增加健全级的功率输送水平时，要求增加的输送功率的 90%应在故障极闭锁后的 80ms 内达到”的要求。

输入的双极功率指令可选择是否被功率调制功能作用，功率调制作用对双极功率指令的增加或减少被极控系统自动调整并反映到最终执行的功率指令上。所有功率指令的调制信号及其对有效功率指令的影响，和有效双极功率指令一起，自动用换流站暂态故障录波器或类似设备予以监视。

（4）模式切换的要求。因暂态期间或功率控制器暂时不能正常工作时，功率控制模式应能自动平稳地过渡到适合的控制模式，如电流控制模式，这一过程要求实测直流电流的扰动小于 1%，暂态过程结束允许返回到原来的功率控制或功率控制器恢复正常后，系统可以手动或自动地返回到功率控制方式运行，这一过程同样要求实测直流电流的扰动小于 1%。无论是手动还是自动从一种控制模式转换到另一种控制模式，系统均应将向运行人员给出提示信号。

在某些情况下，如暂态期间，只要同步极电流控制模式在起作用，调制信号就能起作用。

在双极功率控制和极功率独立控制中，极电流指令的计算不会受到暂态过程中直流电压突然变化的影响。

双极功率控制模式下允许一个单极处于非双极功率控制的独立运行模式，独立运行的极可以独立进行极起停、功率或电流参考值的重新设置等操作。

2. 极功率独立控制

极功率独立控制能把本极直流功率控制为由远方调度中心调度人员或主控站运行人员整定的功率值。该控制模式按每个极单独实现。

在这种控制模式下，该极的传输功率保持在按极设置的功率参考值，不受双极功率控制的影响。

极功率独立控制具备以下功能要求。

（1）可以设置一个新的极功率整定值和极功率变化速率，然后执行功率变化指令增减极传输功率，功率将按设定的速率平稳地变化到新的极功率参考值。

（2）极功率整定值只可以手动调整，不需要配置类似双极功率控制的自动功能。

（3）所有的调制控制功能在该模式下应仍有效。

（4）损失一个换流单元时，仍在运行的该极另一换流单元能自动补偿功率损失，但受到过负荷能力的限制。

3. 极电流控制

（1）同步极电流控制。同步极电流控制如图 1-3 所示，该模式在每个极单独实现。在同步极电流控制模式下，极控系统把直流电流指令保持在整定值上。逆变端和整流端之间的电流指令配合关系，经由各极的直流站间通信系统自动保持。

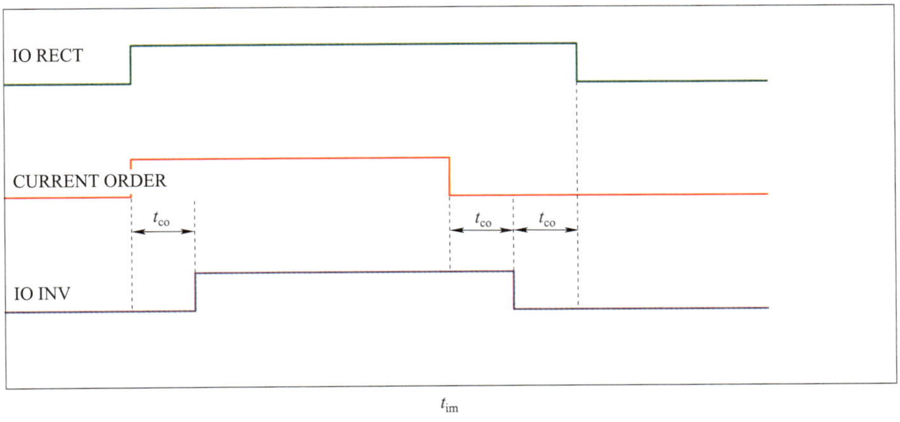

图 1-3 同步极电流控制

1）电流指令。整流侧的电流指令（IO RECT）与逆变侧的电流指令（IO INV）相比较，如果电流指令增大，立即在整流侧执行，然后将其发送到逆变侧执行。为了避免在站间通信失去时失去电流裕度 ΔI 而引起直流系统停运，在任何时候都必须保持电流裕度。极层控制系统同步单元通过站间通信自动进行协调两站的电流指令。

a. 增大电流指令（IO）。首先增大整流侧电流指令，然后增大逆变侧电流指令。

b. 降低电流指令（IO）。首先降低逆变侧电流指令，然后降低整流侧电流指令。

c. 电流指令以内的电流改变（0.03 p.u.）。首先增大或降低整流侧的电流指令，然后增大或降低逆变侧的电流指令。

2）功能要求。此控制模式具有以下功能要求。

a. 可以设定一个新的定值，然后通过起动一个类似控制功率变化的斜坡发生器来改变电流指令，或者以可调整的步长来增加或减小电流指令。此步长的大小，在运行人员控制和监视系统的控制点上选择。

b. 同步电流参考值只可以手动调整，不需要配置类似双极功率控制的自动功能。

c. 所有的调制控制功能在该模式下仍有效。

d. 当执行电流改变指令时，直流电流线性地以运行人员设定的电流升降速率变化至预定的电流定值。

e. 当控制模式由定功率控制变为定电流控制或相反时，模式转换是平滑的，不会引起直流功率波动。

（2）应急极电流控制。控制系统具有应急极电流控制（BSC）模式，以实现当本站和对站间用于交换电流参考值指令的通道发生故障，在较长时间内站间的电流参考值不能协调的情况下，还能允许直流系统继续运行。BSC 模式可在直流远动通信通道失效时自动取代原有的控制模式。但是，如果两个极都处于双极功率控制模式下，则只有两极通信都失去时才投入应急极电流控制。

BSC 模式按极分别设置。当一极处于 BSC 模式之下时，不会降低另外一极的控制性能。

当切换到 BSC 模式时会给出报警信号。通信故障期间也能进行功率的升降，逆变侧的极电流参考值会跟踪实际的直流电流值。远动通信恢复以后，控制系统自动恢复到直流远动通信故障前的运行模式或极功率独立控制模式，运行人员能对这两种恢复状态进行选择。在切换到这一运行模式或从这一运行模式切换回来的过程中，测量到的直流功率及直流电流没有变化。在 BSC 模式下，运行人员可在双极功率控制、极功率独立控制及电流控制之间进行选择。整流侧和逆变侧换流阀闭锁和解锁在站间进行手动协调。

4. 不平衡电流限制和监视

双极功率控制器保持两个极的电流差值不超过 10A。该限制只适用于两个极都处于双极功率控制的稳态运行状态，当两极电流差值超过 10A 时，会产生报警事件至 SCADA 后台。

系统提供一个死区范围可调的在线地电流平衡控制器，把不平衡电流控制到该死区范围内。当两个极处于双极功率控制且不平衡电流超过死区范围时该调节器通过调整双极各自的电流参考值指令的方式减小接地极不平衡电流。

该控制器还具有对双极电流的允许差值进行偏置设置的可能（控制地电流的方向），以确保接地设备的安全。

系统配置一种进行接地极的安时消耗累计和显示的功能。每个接地极作为正极运行和作为负极运行将分别计算和显示安时消耗，极控系统以 1min 为单位进行计算并将值上送至后台，该值单位为 A·s，后台按天累计，并计算总的安时数，按天累计的数值将在第二天清零，后台界面显示的为总的数值，单位为 kA·h。该值在极控系统停运期间也可保持，并在系统运行后继续累加。

5. 极起动与停运顺序

特高压直流系统的起动/停运顺序包括极单换流器起动/停运与双换流器起动/停运，两种方式的控制策略和顺序一致，且与常规直流工程的起动/停运顺序基本相同。

特高压直流系统起动包括联合控制下的起动和独立控制下的起动两种方式。

联合控制下，特高压直流起动的前提条件是两站的同一极处于 RFO 状态的换流器数量相等。PCP 主机处理运行人员输入的功率定值和变化率，在直流功率/电流指令等于最小功率限制值时，发出起动命令 order_start，送至 CCP 主机，并通过站间通信，协调两站起动过程。CCP 收到 order_start 命令后，逆变侧先解锁；整流侧 CCP 接收到 PCP 转来的逆变侧已解锁状态指示后，同逆变侧一样进行操作。

独立控制模式下，两站运行人员可以分别发出解锁命令，但是，两站运行人员必须通过电话进行协调，以保证逆变侧总是在整流侧之前先解锁。停运顺序是起动顺序的逆过程，CCP 接收 PCP 转来的站间协调信号，确保整流侧先闭锁，逆变侧后闭锁。

正常停极过程中的阀闭锁命令由运行人员在工作站手动发出，由 PCP 主机将停运命令送至 CCP 主机。换流器闭锁顺序总是保证整流站在逆变站之前闭锁。这意味着，如果在站间通信故障的情况下，两站要闭锁，运行人员只有通过电话协调，使整流站先于逆变站闭锁。

6. 过负荷控制

直流控制系统监视任何过负荷的大小和时间。通过运行人员手动、调制作用、或当一极或一阀组退出运行而将其功率转移到继续运行的极或阀组上等途径都能动用过负荷能力。

过负荷限制根据在当前环境温度条件下，考虑备用冷却设备是否可用，以及晶闸管当前结温，计算得到换流站的过负荷能力对极功率/电流控制输出的电流指令进行限幅。使得一次回路在各种工况下的全部过负荷能力都被充分利用，而不会因为设备过应力而发生不希望的停运。

对于每极的直流电流限制，运行人员根据调度的指令，在 OWS（运行人员工作站）上可对运行的电流定值在允许的范围内进行事先的设定。

控制系统具备连续过负荷及短时过负荷限制的功能。

过负荷控制是一个连续的功能，它基于考虑了热稳定限制和环境温度的换流设备的过负荷能力。可以指出限制最大的设备，其容量的计算考虑到诸如阀的结温、绕组热点温度等限制条件。如果限制条件不能直接测得，如绕组热点温度，则根据负载、环境温度和其他已有的测量值进行计算。控制系统按照一次设备厂家提供的设备过负荷能力的参数的要求进行设计，保证过负荷计算准确，避免设备过应力。

如果所用的过负荷容量小于设备的最大过负荷能力，则容许过负荷时间就大于按最大过负荷能力运行所容许的时间。

当流过极的电流或功率达到设备的短时过负荷和连续负荷能力极限时，功率控制向运行人员发出报警信号，并在使用规定的过负荷能力之后，在适当的时间之内自动地把直流功率降低到安全水平。

过负荷限制包括以下各种限制条件所引起的限幅：① 环境温度；② 有/无冗余冷却系统；③ 短时过负荷限幅。

最终的过负荷功能的参数设置须根据直流过负荷能力研究报告给出。

本工程的过负荷能力见表 1－1，有/无冗余过负荷能力一致。

表 1－1　　过 负 荷 能 力

最高户外环温/最高阀厅温度/℃	过负荷时间	功率/p.u.	功率/ MW
40.8/60	3s	1.2	14400
	2h	1.05	12600
	长期	1.0	12000

（1）连续过负荷。指在不额外增加换流站设备投资的前提下，直流系统在最高环温、投入备用冷却设备或环境温度较低时固有的过负荷能力。本工程中直流系统具有 1.0 倍的长期过负荷能力。允许的最大连续过负荷能力和环境温度的关系如图 1－4 所示，包括有/无冗余冷却设备两种情况，本工程两种情况一致。

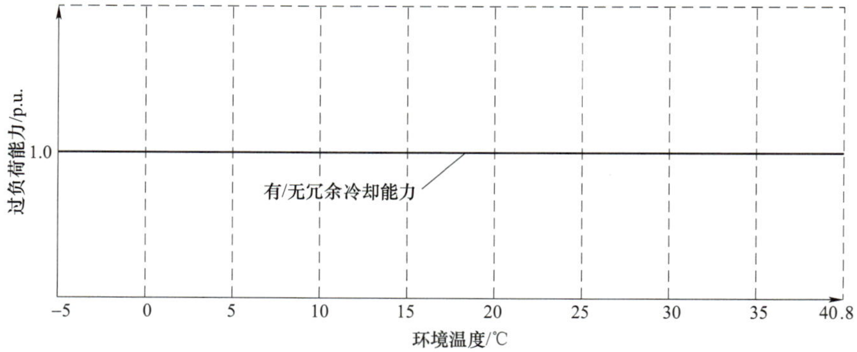

图 1－4　允许的最大连续过负荷能力和环境温度的关系

（2）2h 过负荷（指功率，实现通过限制电流）。2h 过负荷额定值是指直流系统在最小功率至连续过负荷之间的任意功率水平连续运行后仍具备的能力。在不额外增加换流站设备投资的前提下，在最高环温、投备用冷却时，直流系统具有 1.05 倍的 2h 过负荷能力。允许的 2h 过负荷能力和环境温度的关系如图 1－5 所示，包括有/无冗余冷却设备两种情况，本工程两种情况一致。

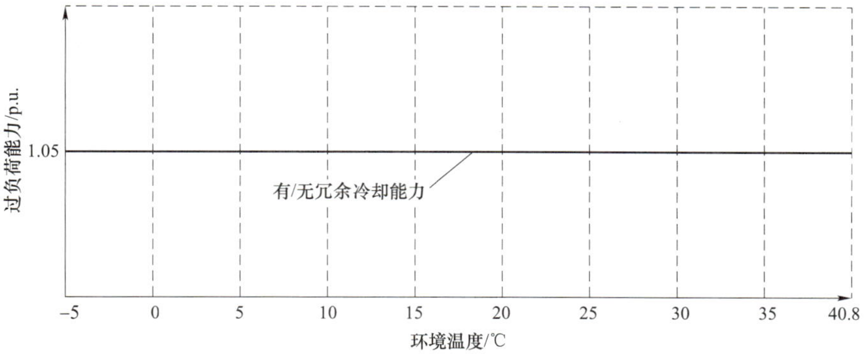

图 1-5 允许的 2h 过负荷能力和环境温度的关系

（3）暂态过负荷。暂态过负荷额定值为直流系统在最小功率和 2h 过负荷额定值之间的任意功率水平运行后仍具备的能力。分为 3、5s 和 10s 暂态过负荷能力。本工程只考虑 3s 过负荷，在最高环境温度下 3s 的暂态过负荷能力为 1.2 倍。暂态过负荷所允许的最大直流电流和环境温度的关系如图 1-6 所示，包括有/无冗余冷却设备两种情况，本工程两种情况一致。

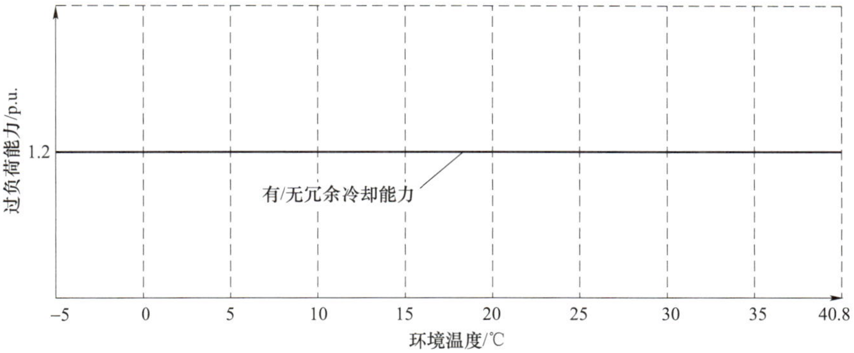

图 1-6 暂态过负荷所允许的最大直流电流和环境温度的关系

（4）过负荷功能实现及短时/连续过负荷配合关系。短时过负荷限制功能通过计算当前过负荷电流值与连续过负荷限幅的差值，利用积分器对电流差值进行积分，计数器同时开始计数过负荷时间。在计数的时间段内，短时过负荷限制功能计算出一个比连续过负荷限幅更大的电流限幅。当计数时间达到后，积分器停止，并反向，积分值下降到零。这期间，禁止起动新的短时过负荷功能，输出的限幅将为连续过负荷水平。当积分值下降到达零时，计数器将被清零，允许开始新的过负荷周期。当已经到达了短时过负荷能力极限时，过负荷限制功能会对电流指令进行限幅，把直流输送的功率恢复到安全极限之内，并向 SCADA 系统报警。即当系统具备暂态过负荷能力时，此时的最大过负荷电流可以达到暂态过负荷水平，经暂态过负荷时间后，系统过负荷能力变为 2h 过负荷水平。

当系统不具备暂态过负荷能力而具备 2h 过负荷能力，此时的最大过负荷电流可以达到 2h 过负荷水平，经过 2h 后，系统过负荷能力变为连续过负荷水平。过负荷功能实现及短时/连续的过负荷配合关系如图 1－7 所示。

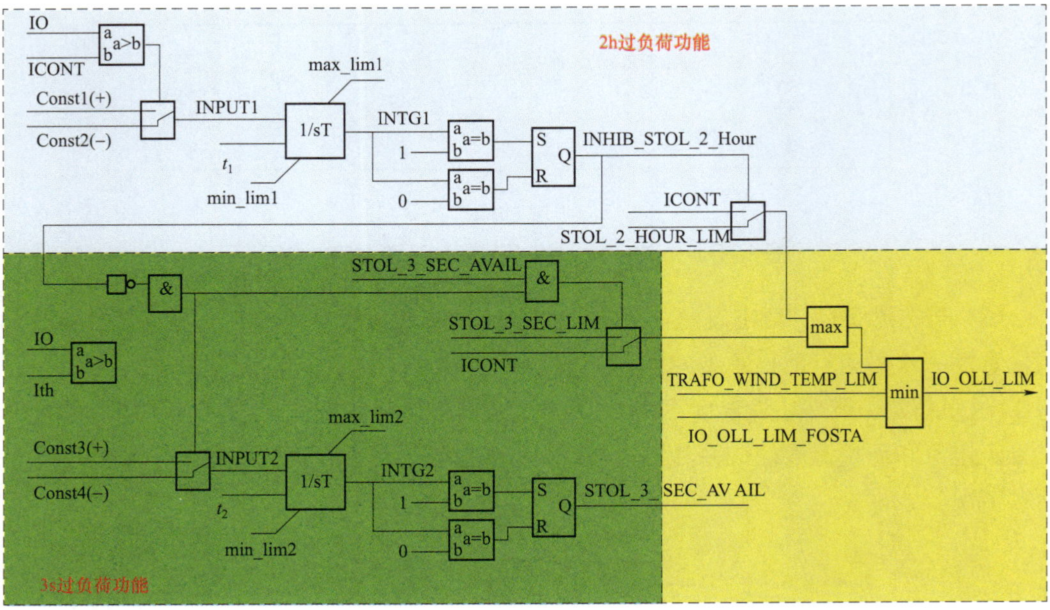

图 1－7 过负荷功能实现及短时/连续的过负荷配合关系

图 1－7 中，IO 为电流指令，ICONT 为连续过负荷能力指令，Const1，Const2 为 2h 过负荷积分器的输入，选择 Const1 时积分器正向积分，选择 Const2 时积分器负向积分。t_1 为 2 积分器的时间常数，通过与 Const1，Const2 的配合进行 2h 过负荷的计时功能。max_lim1，min_lim1 为积分器的最大、最小限制，一般 max_lim1 取 1，min_lim1 取 0，STOL_2_HOUR_LIM 为 2h 过负荷能力限制，本工程中为 1.05 p.u.；Const3、Const4 为 3s 过负荷积分器输入，当积分器选择 Const3 时积分器正向积分，选择 Const4 时积分器负向积分。t_2 为 2h 积分器的时间常数，通过与 Const1，Const2 的配合进行 3s 过负荷的计时功能。max_lim2，min_lim2 为积分器的最大、最小限制，一般 max_lim2 取 1，min_lim2 取 0，STOL_3_SEC_LIM 为 3s 过负荷能力限制，本工程中为 1.2 p.u.；TRAFO_WIND_TEMP_LIM 为换流变压器绕组温度过负荷能力限制；IO_OLL_LIM_FOSTA 为来自对站的过负荷能力限制；IO_OLL_LIM 为本站最终的过负荷能力限制。

（5）5min 过负荷。受端古泉换流站极控主机接入华东协控系统，根据配合协控系统的需要，在上述常规过负荷功能的基础上增加了 5min 过负荷功能。在系统具备 100%的常规过负荷能力的前提下；当极控接收到华东协控子站发来的提升直流的命令后，当提升后的电流指令达到 5min 过负荷的参考门槛后，系统进入 5min 过负荷运行，此时系统的过负荷能力为 1.1 p.u.。5min 结束后，系统的过负荷能力恢复为连续过负荷能力（本工程为 1.0 p.u.)。当电流指令下降到5min过负荷的参考门槛以下时，系统开始缓慢恢复5min过负荷能力，从 0 恢复至 100%的 5min 过负荷能力需要 12h。原则上常规过负荷功能与 5min 过负荷功能互斥，即一方面，在系统常规过负荷能力为 100%的情况下而且是由于协控系统提升本直流产生过负荷才可能进入 5min 过负荷范畴；另一方面，系统一旦进入 5min 过负荷，则在其没有恢复 100%的过负荷能力前无法进入常规过负荷。

7. 最小电流限制

最小电偶限制是指极层控制系统保证极解锁后控制各极换流器直流电流不低于技术规范书要求的最小电流。

8. 线路开路试验模式

为了方便地测试直流极在较长一段时间的停运后，或检修后的绝缘水平，直流极控系统具有线路开路试验（Open Line Test）的功能。

整流侧 12 脉动桥峰值整流后产生的直流电压可以表示为

$$U_{\mathrm{d}}=\frac{4\pi}{3\sqrt{3}}U_{\mathrm{di0}}\cos(\alpha-60) \tag{1-1}$$

从中可以看出，α为 150° 时直流电压开始上升，当 α为 60° 时电压达到最大值。式（1－1）仅在不带线路试验时（直流电流为零）成立，如果带线路进行开路试验，电晕损耗以及其他损耗将降低直流电压，闭环控制将减小 α补偿电压的下降。

（1）试验方法。在本站直流连接、对站直流极隔离的情况下，运行人员可以安全的解锁对应的换流极，并可把线路电压调到零至 1.0 倍额定电压之间的任一数值，以测试本端换流站设备以及与之相连的极线。这种设施只能设置为本地控制功能。在这一试验模式下，禁止对端相应站极解锁，闭锁所有断线类保护及能够闭锁换流极的直流欠电压保护，并提供保证试验期间设备安全的保护措施。当一极停运一极运行时，停运极的两端都能进行带直流线路的线路开路试验，且不对运行极提出任何限制要求，如改变功率方向等。在这一试验模式下，对侧站具有电压监视功能。线路开路试验具有以下运行方式：① 单换流单元不带线路的开路试验；② 单换流单元带线路的开路试验；③ 单极两换流单元串联不带线路的开路试验；④ 单极两换流单元串联带线路的开路试验。

（2）控制模式。线路开路试验只能在本地控制，有手动控制和自动控制两种控制方式。

1）手动控制方式。运行人员可手动设定线路开路试验的直流电压参考值。直流电压的参考值在 0～1.0p.u.之间可调。直流电压以预先设定的速度线性变化至直流电压参考值。试验结束时，运行人员手动降压，闭锁换流阀。

2）自动控制方式。运行人员只要启动空载加压试验程序，此程序就自动的解锁对应的换流阀，把直流电压升至预定值（最大限制值为 1.0p.u.），然后保持一段时间，再把电压降下来，最后手动闭锁该换流阀。直流电压预定值和最高电压保持时间由程序预先设定。

（3）自监视功能。直流极控系统具有对线路开路试验的完备的自监视功能，以保证试验期间设备的安全。该自监视功能包括对直流电压、直流电流以及换流变压器阀侧电流的监视，并根据不同的异常状况采取相应的措施。当线路开路试验出现异常时，向SCADA 系统报警。

（4）受端极空载加压功能。常规特高压直流极空载加压试验功能是按极统一控制，计算出触发角分别发送给高低压换流器控制换流阀运行，因高低压换流器各设备参数均一致，高低压阀组电压自动保持平衡运行。特高压直流分层接入系统受端两极，每极的高低压换流器分别连接 500/1000kV 不同电压等级的交流电网，相应的两个换流器对应换流变压器的交流电压、分接头挡位数目和每挡的电压大小都存在差别；若采用上述常规特高压空载加压控制方式，则高低压阀组电压将不平衡。对于分层接入系统受端极的空载加压试验功能，高压和低压换流器分别采用各自的独立控制，其空载加压控制器的目标分别为本极空载加压目标电压值的一半，以保证两个阀组的平衡运行。

9. 极功率传输方向模式控制

两端换流站直流系统的控制保护采用相同的软硬件设计原则，适应把直流功率从昌吉换流站传送到古泉换流站，以及从古泉换流站传送到昌吉换流站。

（1）控制和保护特性。系统配备以下控制和保护特性，且其原则对两个功率传送方向都适用。

1）直流功率控制总是以整流站测到的直流功率作为控制参量。影响直流功率指令的调制回路的信号定标，也以整流站功率为基准。

2）直流电压控制总是使用整流端的直流电压，并将此参数控制到所要求的作为整流运行的换流站电压水平上，这一控制同时使用分接头控制器及闭环控制器这两种直流电压控制手段。

3）直流控制保护系统中的其他控制和保护功能具有适当的特性，以保证不管功率传输方向如何，均能够正确工作。

4）在规定的运行控制点上，配备选择极功率传送方向的运行人员控制功能。

（2）功率传送方向控制。该设计可以避免在运行中出现意外的功率传送方向变换的可能性。一次回路故障不会招致任何一极产生意外的功率传送方向变换。

当改变功率传送方向，需要对某些控制参数进行调整以达到规定的性能时，配备自动改变这些参数的功能。功率传送方向的转换不会导致极直流电压急剧反转。直流电压平滑地降至零后再反极性方向平滑地上升。

运行人员可手动在正向/反向功率方向之间转换。无论是单极运行还是双极运行，不论是处于双极功率控制还是同步极电流控制，也不论是一极还是两个极处于降压运行状态下，均可以进行功率翻转。直流功率翻转示意如图 1－8 所示。

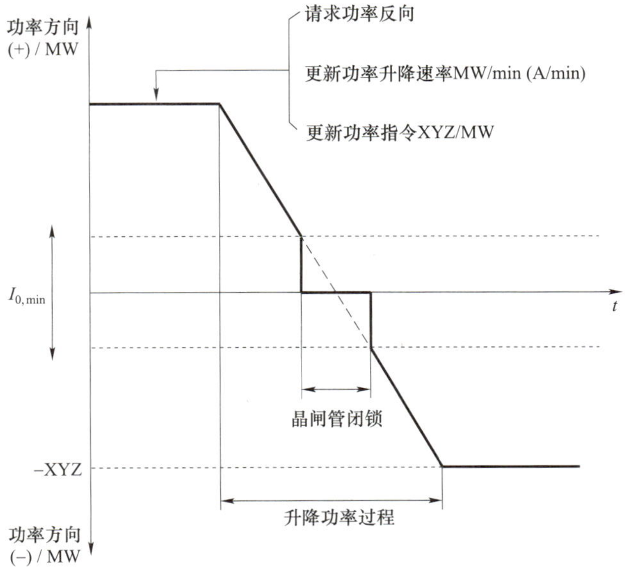

图 1–8　直流功率翻转示意

本工程定义从昌吉换流站传送到古泉换流站的功率输送方向为正向输送方向。系统依据以下顺序进行功率翻转：① 运行人员在主控站输入新的功率方向；② 运行人员在主控站输入新的功率指令和升降速度；③ 极控系统自动将电流下降至最小电流后闭锁；④ 改变电压方向，将功率升至功率指令值。

运行人员可随时停止功率翻转顺序。如果在功率的升降过程中发出终止指令，功率的定值停留在实际功率的数值上。如果在电压翻转的过程中发出终止指令，翻转顺序继续执行，直到功率方向翻转后，停止在最小功率等级。

10. 直流全压/降压运行控制模式

直流输电系统的各极都设置了降低直流电压运行方式，以便在直流线路绝缘子受到污秽，不能经受全压的情况下，该极还能继续运行。

若单极按完整方式运行时（即两个换流单元同时运行时），单极两换流单元保持降压水平的一致。直流降压的定值在额定直流电压的 80%～100%范围内可调。但是单换流单元运行时，不考虑降压运行方式。如果双换流器降压运行方式下，其中的一个换流器故障闭锁或正常退出，剩下的单换流器自动恢复至全压运行（降压以极为单位，单换流器只能全压）。

当运行人员在运行中起动或复位直流降压运行功能时，直流电压在设定的合适时间内平稳变化到新的整定值。在降低或者升高直流电压的过程中，在任何时刻都可以终止升降过程。在这种情况下，直流电压定值就是中止升降时刻的电压值。

分接头控制调整换流变压器分接头的结果，使换流单元分接头达到与降压运行相对应的最小值。

直流线路保护起动可以实现自动切换到降压运行模式。

若降压运行方式仍不能满足绝缘要求，可考虑采用退出高压端的换流单元的 50%的降压方式。

（1）使直流降压运行的方法。

1）该极不带电情况下的手动方式。

2）该极带电情况下的手动方式。极层控制系统确保从全压运行平稳地转换成降压运行。在此运行方式转换期间，通过同时调整直流电压和直流电流，尽可能减小对输送的直流功率的扰动。

3）在该极带电又无通信的情况下在直流电压控制端的手动方式。

4）由直流线路故障恢复顺序的自动起动。

（2）使直流恢复全压运行的方法。

1）该极不带电情况下的手动方式。

2）该极带电情况下的手动方式。极层控制系统确保从降压运行平稳地转换到额定电压运行。在此运行方式转换期间，通过同时调整直流电压和直流电流，尽可能减小对传输的直流功率的扰动。

11. 换流变压器分接头控制

极层的换流变压器分接头控制主要维持双极的换流变压器分接头的同步功能。

双极功率控制方式运行时，分层接入送端与常规特高压直流工程一致，配置双极换流变压器分接头同步功能，保持对 4 个阀组平衡同步的功能。

分层接入受端高低压阀组换流变压器特性不同，不能采用对 4 个阀组平衡同步的功能，需要按同一交流网同一特性换流变压器分别同步，即配置双极按高阀对高阀、低阀对低阀分别对分接头进行同步功能。

12. 直流站间通信

极层控制系统采用了较为成熟的直流站间通信方案，该方案在多个已投运的高压直流和特高压直流工程中获得应用，包括哈郑特高压直流工程。极层控制系统的站间通信连接如图 1－9 所示。

本工程的每极均具有各自的站间通信通道，在连接到 2M 接口通信适配设备以前，它们是相互独立的。每个极都需要两个通道，分别作为主通道和备用通道。

极控系统由冗余的双系统组成，其切换逻辑是保证每个时刻只有一个更健康的系统处于值班系统。在和对站通信时，每个极的值班和备用系统都能收到对站同一极的值班系统发送的数据；另一方面，两个系统都在往外发送数据，他们发出的数据送到 PCS－9518 板卡，在该板卡上通过系统的值班信号，即 Active 信号进行选择。通过选择后，只有值班系统的数据才能送到对站。

如果提供的通道是 2M 光纤接口，只要把图 1－9 中极控制系统输出的 X.21 信号通过 2M 接口通信适配设备连接到光纤即可。

采用 PCS－9550 平台的极层控制系统站间通信硬件连接如图 1－10 所示。其中，站间通信功能主要由 NR 1118 板卡实现，该板卡采用高性能 ADI DSP 处理器，主要完成直流控制保护系统的站间和极间通信；PCS－9518 为通道切换板卡，对来自冗余系统的站间通信通道进行切换；MUX 为连接控制保护设备和光纤通信设备的连接装置 MUX2M。

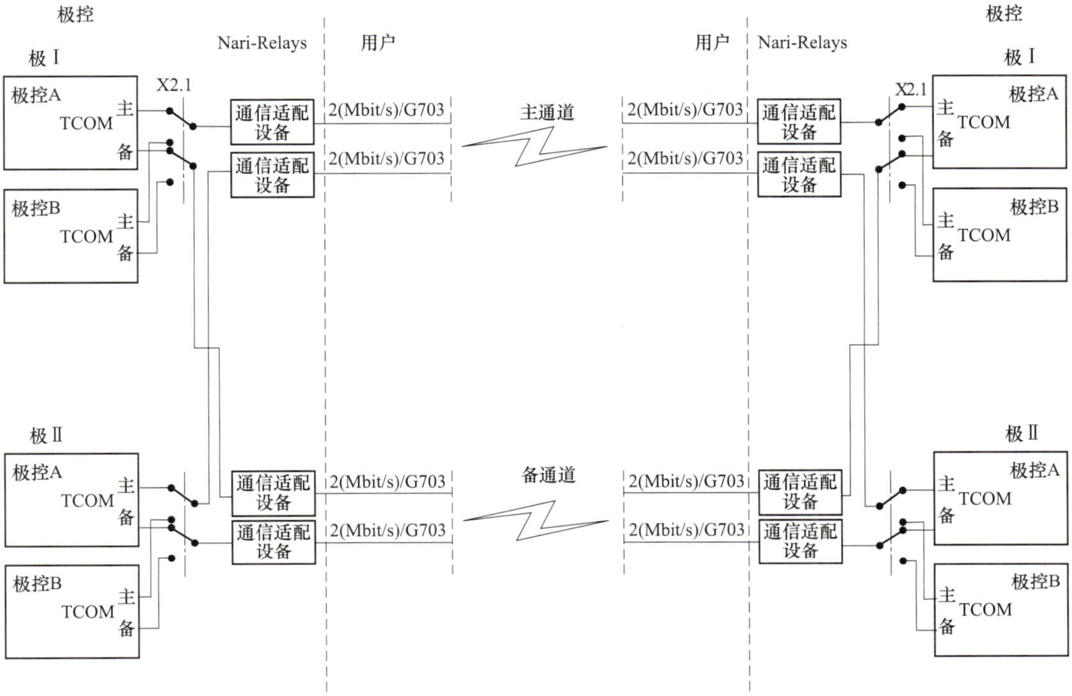

图 1-9　极层控制系统的站间通信连接

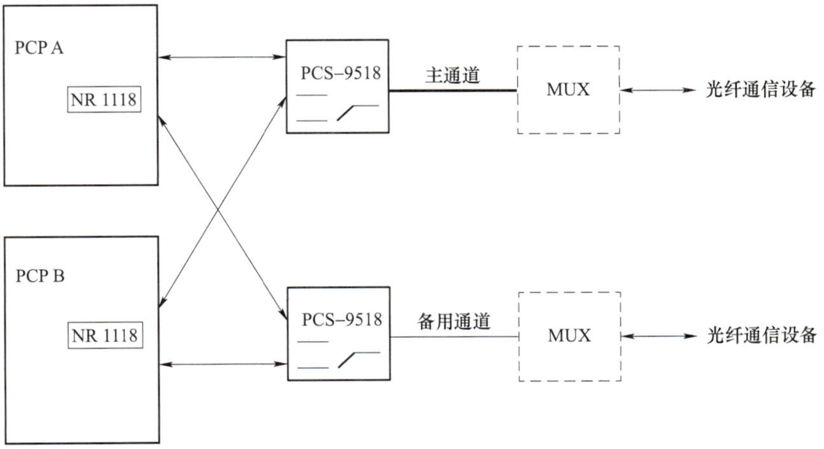

图 1-10　采用 PCS-9550 平台的极层控制系统站间通信硬件连接

13. 无功控制

无功控制的主要控制对象是全站的交流滤波器，其主要目的是根据当前直流的运行模式和工况计算全站的无功消耗，通过控制所有无功设备的投切，保证全站与交流系统的无功交换在允许范围之内或者交流母线电压在安全运行范围之内。交流滤波器设备的安全和对交流系统的谐波影响也是无功控制必须实现的功能。

直流极控制主机中的无功控制功能搜集全站各极的运行参数，依据直流中各极总的输送功率以及各极总的无功消耗情况进行交流滤波器的投切，其中绝对最小滤波器和最小滤波器的各投切点依据交流滤波器研究报告确定。

（1）各项功能及其优先级。无功控制的各项功能将按照优先级决定滤波器的投切，优先级 1 为最高优先级：① 优先级 1，Over Voltage Control（交流过电压控制）；② 优先级 2，Abs Min Filter（绝对最小滤波器控制）；③ 优先级 3，U_{max}/U_{min}（交流侧母线最高/最低电压控制）；④ 优先级 4，Q_{max}（最大交换无功控制）；⑤ 优先级 5，Min Filter（最小滤波器控制）；⑥ 优先级 6，Q 控制/U 控制（无功控制）。某项子功能发出的投切指令仅在不与更高优先级的限制条件冲突时才有效。

1）Over Voltage Control，交流过电压控制。当交流电压达到参考值时，快速切除交流滤波器至绝对最小滤波器。交流滤波器过电压控制切除滤波器的过程中，在达到绝对最小滤波器前，若某一轮次待切交流滤波器不足 4 小组时，则切除滤波器的小组数可根据实际投入的交流滤波器数量设为 3、2、1 组。交流过电压控制的具体功能如下。

a. 最高稳态电压＜U_{ac}≤1.1p.u.时，每隔 3s 切除 1 小组交流滤波器，直到当前功率下的绝对最小滤波器。

b. U_{ac}＞1.1p.u.时，每隔 8s 切除 4 小组交流滤波器，达到当前功率的绝对最小滤波器后，如果过电压定值依然满足，每隔 8s 切除 4 小组交流滤波器直到最小功率下的绝对最小滤波器。

c. U_{ac}＞1.2p.u.时，每隔 1s 切除 4 小组交流滤波器，达到当前功率的绝对最小滤波器后，如果过电压定值依然满足，每隔 1s 切除 4 小组交流滤波器直到最小功率下的绝对最小滤波器。

d. U_{ac}＞1.3p.u.时，每隔 250ms 切除 4 小组交流滤波器，达到当前功率的绝对最小滤波器后，如果过电压定值依然满足，每隔 250ms 切除 4 小组交流滤波器直到最小功率下的绝对最小滤波器。

2）Abs Min Filter，绝对最小滤波器控制。为了防止部分交流滤波器组因故被切除后造成运行中的其他交流滤波器谐波过负荷，规定了所需投入的最少滤波器组。正常运行时，该条件必须满足；如果该条件不能满足，为了防止交流滤波器组损坏，直流系统将降低输送功率，以满足绝对最小滤波器组条件。如果降到最后一级功率还是无法满足绝对最小滤波器组要求，无功控制将在预先设定的时延后停运直流系统。该项功能具有最高的优先级，当与该功能的限制条件冲突时，禁止其他功能在交流滤波器组过负荷时切除交流滤波器组。Abs Min Filter 要求投入的交流滤波器组是根据当前直流系统输送的功率以及运行模式，并考虑无功设备的容量后得到的。其设定值需事先通过系统研究得到的，最终以各滤波器组对应的最大功率值形式存入无功控制程序中相关表格。即使在手动控制模式，Abs Min Filter 也起作用，自动投入相应的滤波器组。它将在极起动时投入第一组交流滤波器。

3）U_{max}/U_{min}，最高/最低电压限制。用于监视和限制换流站稳态交流母线电压。通过在电压超过最大限制时切除交流滤波器组和在电压低于最小限制时投入滤波器组来对交流交流电压的异常进行控制，用于维持稳态交流电压在过压保护动作的水平以下，避免保护动作；提供系统需要的无功支撑，避免电压崩溃。只有在 U_{max}/U_{min} 允许的情况下，Q 控制/U 控制发出的投入/切除交流滤波器组的指令才有效。

a. 如果电压超过最大限幅 U_MAX_LIMIT 一定时间，无功控制按次序切除滤波器组防止电压的继续升高。如果电压低于最低限幅 U_MIN_LIMIT 一段时间，无功控制将按次序投入滤波器组防止电压的继续降低。

b. 如果再有一组滤波器的投入将引起电压超过 U_MAX_LIM_ENBL，那么该功能将禁止投入滤波器组的操作。同样，如果再有一组滤波器的切除将引起电压低于 U_MIN_LIM_ENBL，那么该功能将禁止切除滤波器组的操作。

4）Q_{max}，最大无功交换限制。根据当前运行状况，限制投入滤波器组的数量，限制稳态过电压。Q_{max} 功能通过切除投入运行的交流滤波器组/并联电容器组，使得换流站流向交流系统的无功量不超过最高限幅值。只有在 Q_{max} 允许的情况下，Q 控制/U 控制发出的投入交流滤波器组的指令才有效。

5）Min Filter，最小滤波器容量要求。该模块不能直接发出切除交流滤波器组指令，只能保证其他具有较低优先权的控制模块可以发出切除交流滤波器组指令。根据以下运行情况，该控制模块将确定满足谐波滤波要求所需要投入的最少交流滤波器组个数及其类型：① 直流功率；② 站模式（整流/逆变）；③ 解锁极个数；④ 直流电压（全压/降压）。当谐波滤波要求不能满足时，可利用该模块发出投入交流滤波器组指令，直到滤波要求满足。当该模块的要求不能满足时，将向操作人员发出报警信号。

6）Q 控制/U 控制（Q control/U control），无功交换控制/电压控制。Q 控制/U 控制模块用于控制换流站和交流系统的无功交换量为设定的参考值，或控制换流站的交流母线电压为设定的参考值。Q 控制和 U 控制不能同时有效，由运行人员选择当前运行在 Q 控制还是 U 控制。RPC 采用 Q 控制时，当交直流两侧的无功交换量超过式（1－2）和式（1－3）限制时，RPC 将发出指令以控制滤波器/并联电容器组的投切（避免滤波器、电容器产生的无功远超过换流站消耗的），即

$$\Delta Q > Q_{ref} + Q_{dband}\text{，切滤波器/并联电容器组} \tag{1-2}$$

$$\Delta Q < Q_{ref} - Q_{dband}\text{，投滤波器/并联电容器组} \tag{1-3}$$

式中 Q_{ref} ——操作人员设定的参考值；

Q_{dband} ——操作人员设定的动作死区，$Q_{dband} > \dfrac{Q_{filter,max}}{2}$。

ΔQ 为交直流两侧的无功交换量，有

$$\Delta Q = Q_{filter} - Q_{conv} \tag{1-4}$$

Q_{filter} 为滤波器/并联电容器组产生的无功，有

$$Q_{filter} = \sum\left(\frac{U_{ac}}{U_{acN}}\right)^2 \times \frac{f_{ac}}{f_{acN}} \times Q_{filterN} \tag{1-5}$$

Q_{conv}为整流器（12 脉动）消耗的无功（对于逆变器，式中α应换为γ），有

$$Q_{\mathrm{conv}}=2\times I_{\mathrm{d}}U_{\mathrm{di0}}\times\frac{1}{4}\times\frac{2u+\sin2\alpha-\sin2(\alpha+u)}{\cos\alpha-\cos(\alpha+u)} \tag{1-6}$$

RPC 采用 U 控制方式时，控制原理与 Q 控制相同，需要操作人员设定相应的参考值和动作死区。

（2）辅助功能。为了获得更好的控制效果，无功控制还包含以下辅助功能。

1）QPC。通过增大点火角/熄弧角来增大换流站对无功的消耗，避免换流站与交流系统的无功交换量超过限制值。

2）Gamma kick：通过在投/切滤波器组时瞬间增大/减小 Alpha/Gamma 角，使得电压变化率减小到规定的范围以内。

（3）无功控制模式。无功控制有投入模式、手动模式、自动模式及退出模式这几种。

1）投入模式。当无功控制选择投入模式时，默认进入手动模式。此时，运行人员可选择自动模式。

2）手动模式。当无功控制选择手动模式时，当无功控制选择手动模式时，满足 Min filter 和 Q 控制/U 控制的滤波器组投切操作由运行人员手动完成。而高优先级的滤波器投/切由无功控制自动完成。高优先级的滤波器投/切包括：① Over Voltage Control；② Abs Min Filter；③ $U_{\max}$；④ $Q_{\max}$。当需要投入滤波器以满足 Min Filter 时，或需要投入/切除滤波器满足 Q 控制/U 控制时，无功控制发送信号至 SCADA 系统提醒运行人员投/切滤波器组，并显示下一组要被投/切的滤波器组。

3）自动模式。当无功控制选择自动模式时，所有需要的滤波器投/切都由无功控制自动完成。运行人员仅需设定相关的参考值。为了便于维护，可以选择单独的交流滤波器组、并联电容器组、并联电抗器组使之不受无功自动控制的控制，仅由手动投切操作。

4）退出模式。可手动选择退出模式。当无功控制选择退出模式时，除 1.1p.u.以上的交流过电压控制切除滤波器外，无功控制不自动进行任何投/切滤波器的操作，也不会对运行人员给出任何提示，但运行人员可进行手动投/切操作。

（4）适应分层的无功控制配置与协调。

1）受端无功控制的配置。无功控制一般用于控制全站的交流滤波器，其主要目的是根据当前直流的运行模式和工况计算全站的无功消耗，通过控制所有无功设备的投切，保证全站与交流系统的无功交换在允许范围之内或者交流母线电压在安全运行范围之内。交流滤波器设备的安全和对交流系统的谐波影响也是无功控制必须实现的功能。

2）受端两交流网无功的控制与协调。受端每极的高压阀组和低压阀组分别连接到 500kV 和 1000kV 的交流电网，每个电网分别配置交流滤波器场，鉴于此特殊的主回路情

况，系统为每个电网分别配置无功控制，无功控制功能在极层控制中实现，分为两个应用，分别控制 500kV 和 1000kV 交流电网的无功平衡。两个无功控制应用功能上类似，彼此独立，有各自的控制对象和控制逻辑。

两个相对独立的无功控制功能模块，实际运行中根据阀组接入不同电网的运行情况，分别计算直流对两个不同电网输送的有功量，按照各电网接收的有功量分别对不同电网内的交流滤波器，按各自设计的滤波性能要求进行投切；同时按照阀组运行的实时电压、电流、触发角、叠弧角计算阀组运行吸收的无功量，根据阀组接入不同电网的运行情况，计算得到直流从不同电网吸收的无功量，再根据电网的实测电压计算不同电网内交流滤波器提供的无功量，根据直流从各电网吸收的无功量按照 Q 控制要求分别对不同电网内的交流滤波器进行投切。

对于两交流电网需要协调部分，如绝对最小滤波器不满足启动功率回降功能，配置两电网无功协调控制模块，对两电网的控制进行协调。直流运行时，任一电网内投入的交流滤波器不满足设计的绝对最小滤波器要求即启动功率回降，每一极串联的两阀组是接入不同的交流电网，运行工况的不同导致投入运行的阀组不同，功率回降导致单极功率回降值或双极功率回降值需要经逻辑计算。任一电网引起的功率回降值按实际接入电网的阀组电压分配计算出阀组电流限值，对应任一极的任一阀组若投入运行则取该阀组所接入电网的阀组电流限值，比较极内投入运行的阀组电流限值取其中的最小值作极功率回降电流限值；极电流限值乘以极的直流电压得到单极功率回降功率值；若直流处于双极功率控制，将前述得到的两个单极功率回降值求和得到双极功率回降功率值。

3）阀组投退时受端两个电网无功控制策略。受端每极的高压阀组和低压阀组分别连接到 500kV 和 1000kV 的交流电网，每个电网分别配置交流滤波器场。对于此特殊的主回路情况，换流器投入和退出操作可能会引起直流功率在受端两个交流电网分配的变化，特别是大功率工况下会引起两个电网所受有功功率的急剧变化，一个电网所受有功的突然大量增大，另一个电网所受有功的突然大量减少（双极功率控制的情况下）。有功的变化将引起换流站与交流网交换无功功率的突然大量过剩或大量缺额，无功的过剩可能会引起交流过电压，无功的缺额可能会引起交流欠压，以及最小滤波器不足导致的谐波偏大。针对上述情况，无功控制模块可以提供一种控制策略，在检测到有阀组投入或退出的情况下，且无功功率缺额较大时，启动快速投入滤波器功能，将 Q 控制投入滤波器的时间间隔缩小，快速投入交流滤波器，弥补无功缺额，详细参数由系统研究确定；对于无功功率过剩的情况，有常规特高压直流工程采取的过压快速切除滤波器功能，不需再增加控制策略。

（5）其他要求。

1）投切滤波器的选择。无功控制能够根据当前运行工况以及滤波器组的状态确定哪一类型的滤波器以及该类型中哪一组滤波器将被投入/切除。同一类型的滤波器组循环投入。无功控制具有完善的逻辑保证所有可用的无功设备的投切任务尽可能相等。

2）滤波器组的投切顺序。在直流功率上升和下降的过程中，投入和切除滤波器组遵循一定的顺序。同种型号的交流滤波器投切是遵循“先投先退”的原则自动进行的，不同类型的交流滤波器投切是遵循“后投先退”的原则自动进行的。最终的投切顺序将根据无功控制研究报告确定。

3）滤波器组的替换。滤波器组替换的原则是，当一组滤波器由保护跳闸后，根据 Abs Min Filter 或 Min Filter 的要求，该滤波器将由另一组滤波器来替代。如果被跳闸的滤波器组属于 Abs Min Filter，那么在 1s 内投入另一组滤波器，如果属于 Min Filter，那么在 5s 内投入另一组滤波器。

4）滤波器组的状态。为了完成相关的控制任务，无功控制从交流滤波器控制获得来自交流滤波器场的以下相关信息：① 已经投入的滤波器组；② 被切除的滤波器组；③ 可投入的滤波器组。

a. 可投入的滤波器小组的隔离开关必须在合位，接地开关（地刀）必须在分位，而且锁定继电器未被置 1。如果滤波器小组被保护跳闸，它的锁定继电器被置 1，只有在锁定继电器被手动清 0 后，滤波器组才有可能被再次投入。

b. 滤波器组在被切除后，必须在一定的放电时间（本工程为 10min）后才能被再次投入运行。

c. 当一组滤波器从不可用转为可用时，无功控制不改变已经投入的滤波器组的状态（如果谐波滤波特性未提出要求），但是在接下来的投切过程中该滤波器将参与投切滤波器的选择。

5）防频繁投切措施。为了防止弱交流系统时滤波器组的反复投/切，无功控制具有防振荡功能。该功能可对预定时间内（1min）的滤波器的投/切次数进行计数。如果投/切次数超过了一定值（本工程设定为 3 次/min，投和切各算 1 次），RPC 将自动转入手动控制模式，防止更多的滤波器的投/切操作。

14. 阀组可选择退出

常规特高压直流控制保护系统，在送端阀组手动或故障退出时，默认受端高阀低阀与送端同步退出；而受端分层接入直流系统受端两阀组分别接入两个不同的交流电网，阀组退出对两电网功率影响不同，会引起受端两个交流电网的潮流变化。

根据上述受端分层接入系统的特性，直流控制系统设计提供允许用户根据电网运行的系统情况，设定接入某个电网的阀组有优先退出的功能；送端阀组手动或故障退出时，控制系统根据交流系统运行需要设定的优先级自动退出受端设定的优先阀组。

15. 功率调制

功率调制功能是除了基本控制模式和基本控制方式外，直流极控系统设计并提供的附加的控制功能。通过向直流功率指令增加调制值的手段，影响直流输电系统输送的实际功率，以提高整个交直流联合系统的性能。

功率调制的输入信号一向来自系统的安全稳定控制装置，或者通过对系统交流电压、频率的监视产生。

所有的功率调制功能在运行人员界面上都设置有相应的投入和退出按钮，供运行人员根据需要启动或者解除相应的调制功能。

（1）功率提升。涉及逆变侧损失发电功率或整流侧甩负荷故障时，有可能要求迅速增大直流系统的功率，以便改善交流系统性能。由于极控系统与安控装置采用数字化光纤通信，功率提升功能的设计具有以下特性。

1）功率提升功能接收安控装置发送的功率提升信号和功率提升量，从而起动功率提升，可以实现无级调制。

2）功率提升功能作用于功率指令或电流指令，并使传输的功率增加所选择的增量。

3）无论在单极运行还是在双极运行，均能使用功率提升功能。单极运行时，无论该极处于双极功率控制、极功率独立控制还是同步极电流控制，均能使用功率提升功能。双极运行时，对于所有双极功率控制、极功率独立控制还是同步极电流控制的组合，都能使用功率提升功能，原则如下。

a. 两极均为双极功率控制模式，在这种情况下，增加的功率按两极电压比进行分配。

b. 一极是同步极电流控制或是极功率独立控制，一极是双极功率控制。在这种情况下，如果双极功率控制极可以满足提升功率要求，则仅提升该极功率；如果双极功率控制极不足以满足提升功率要求，剩余功率由极电流控制或是极功率独立控制极承担。

c. 双极都是极电流控制或者都是极功率独立控制，在这种情况下，增加的功率按两极电压比进行分配，使不平衡电流不高于功率提升前的水平。

4）在两极都按应急极电流控制方式运行时，也能使用功率提升功能，只在整流侧有效。整流侧收到功率提升信号和变化增量，就增大其电流指令。但是，要这种情况下，提升后的电流最大值，不超过该极的连续额定电流。

（2）功率回降。对于整流侧交流损失发电功率或者逆变侧交流系统甩负荷的事故，可能要求自动降低直流输送功率，由于极控系统与安控装置采用数字化光纤通信，功率回降功能的设计具有以下特征。

1）功率回降功能接收安控装置发送的功率回降信号和功率回降量，从而起动功率回降，可以实现无级调制。

2）功率回降功能作用于功率指令或电流指令，并使传输的功率减少所选择的数值。

3）无论在单极运行还是在双极运行，均能使用功率回降功能。单极运行时，无论是极功率独立控制还是同步极电流控制，均能使用功率回降功能。双极运行时，对于所有双极功率控制、极功率独立控制还是同步极电流控制的组合，都能使用功率回降功能，原则如下。

a. 两极均为双极功率控制模式，在这种情况下，减小的功率按两极电压比进行分配。

b. 一极是同步极电流控制或是极功率独立控制，一极是双极功率控制。在这种情况下，如果双极功率控制极可以满足回降功率要求，则仅回降该极功率；如果双极功率控制极不足以满足回降功率要求，剩余功率由极电流控制或是极功率独立控制极承担。

c. 双极都是极电流控制或者都是极功率独立控制，在这种情况下，减少的功率按两极电压比进行分配，使不平衡电流不高于功率回降前的水平。

4）在应急极电流控制时，整流站用一个安全的速率降低电流参考值（以保持电流裕度），从而完成功率回降功能。

16. 保护性监视功能

直流控制和直流保护采用完全独立的设计原则，在物理上相互分离，但在极控系统中还配置了一些保护性监视功能，用来辅助直流系统保护。这些保护性监视功能以触发角等控制变量作为输入信号，其结果是调节触发角、升降换流变压器分接头、降低直流功率等控制行为。这些保护性监视包括不平衡运行保护、空载加压试验监视等。

（1）不平衡运行保护。不平衡运行保护的范围和目的是，检测整流站和逆变站投入运行的换流器个数是否相同，确保两站运行在电压平衡状态下。分站间通信正常和站间通信不正常两种情况。

1）站间通信不正常。

a. 保护的工作原理和策略。检测直流电压，当达到保护定值时退出电压较高一侧的低压换流器。在进行空载加压试验时，闭锁本保护。

b. 判据及定值设置原则。判据为 $0.35U_{\mathrm{dref}} < U_{\mathrm{dL}} < \max$（420kV，0.65 U_{dref}）；设置原则为整流侧延时 5s，逆变侧延时 3s，退出换流器。

c. 保护配合。包括：① 大角度监视；② 直流线路保护；③ 直流欠压保护。

d. 保护动作顺序。顺序为：① 报警；② 退出换流器。

2）站间通信正常。

a. 保护的工作原理和策略。检测本站和对站的全阀组模式标志，当两侧不一致时，退出全阀组侧的一个换流器。

b. 判据及定值设置原则。不平衡动作的判据为（本站全阀组∩对站全阀组∩高压阀组运行∩低压阀组运行∩站间通信正常）大于 200ms。

（2）空载加压试验保护。该保护仅在空载加压试验（或称开路试验）时投入，其保护范围和目的为在进行空载加压试验时检测直流场设备、极母线的接地故障，以及阀的相间短路或接地故障。

1）保护的工作原理和策略。如果直流电流超过保护设定的参考值或者直流电压并未升高到期望值，则判断发生接地故障。保护同时检测交流系统电流，通过比较交流电流和直流电流，进行选择性的动作。

2）保护配合。按照优化的保护原则，在进行空载加压试验时，某些保护功能自动调整到预先为空载加压试验方式设定的参考值。

3）判据及定值设置。保护将直流电压 U_d 的测量值与建模计算得到的计算值 $U_{d,calc}$ 进行比较。

a. 报警水平为$U_{d,calc}-U_d>0.25U_{dN}$ 或 $I_d>0.02I_{dN}$ 或 $\max(I_{acY},I_{acD})-I_d>0.02I_{dN}$ 。U_{dN} 和 I_{dN} 分别为直流电压和电流的额定值，$\max(I_{acY},I_{acD})$ 为 Y 绕组和 D 绕组阀侧三相电流整流值的最大值。

b. 直流侧故障为$U_{d,calc}-U_d>0.3U_{dN}$ （已取消此判据）或 $I_d>0.03I_{dN}$，跳闸时延为 4ms。

c. 交流侧故障为$\max(I_{acY},I_{acD})-I_d>0.03I_{dN}$，跳闸时延为 2ms。

4）保护动作顺序。顺序为：① 立即闭锁；② 交流断路器跳闸；③ 锁定交流断路器；④ 启动断路器失灵保护。

17. 自动重启非故障阀组功能

自动重启非故障阀组功能指的是在特高压直流工程中，由于阀组差动保护动作或直流线路保护动作闭锁双极直流中的一极后，为了增加系统可用性以及尽快减小接地极电流大小，无需运行人员手动操作，闭锁的一极在相应条件满足的基础上自动恢复至双极功率控制模式并解锁无故障阀组的功能。

启动自动重启非故障阀组功能有两个触发条件：① 由于单阀组的阀组差动保护动作闭锁整个极；② 直流线路保护动作跳闸。对于情况①，逻辑的判定如图 1－11 所示，阀组差动保护两段中任一段动作 500ms 以内对阀组没有出现阀组差动保护动作情况。

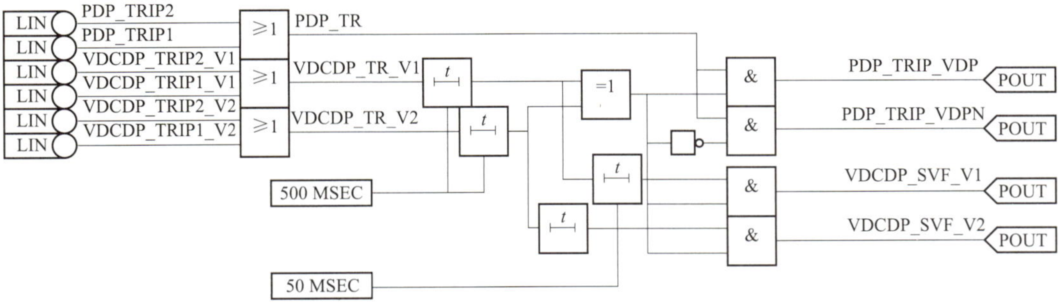

图 1－11 单阀差动保护动作逻辑判定

VDCDP_SVF_V1、VDCDP_SVF_V2 任一均可触发自动解锁逻辑，除此之外，自动解锁逻辑的触发还需满足其他一系列触发条件，此外为保证系统在安全可靠的情况下进行自动解锁，有针对性地设置了一些复归条件，主要的触发及复归条件见表 1－2。

表 1-2　自动解锁主要的触发及复归条件

序号	触发条件（同时满足）	复归条件（任一满足）
1	线路保护跳闸动作或者高低阀其中之一阀差保护动作且没有同时动作	自动解锁逻辑触发后 5min 没有完成非故障阀组解锁
2	本极退出双极功率控制模式	非故障阀组侧交流进线失电
3	本极双阀组均已闭锁	两站 NBSF 逻辑动作
4	对极在双极功率控制模式	独立控制模式
5	对极在运行状态	自动解锁连接片退出
6	自动解锁连接片投入	本极高压阀组检修投入
7	本极整流侧和逆变侧都处于闭锁状态	本极低压阀组检修投入
8	本极极隔离（如果是线路保护跳闸引起的自动解锁还需满足对站极隔离）且在第 1 条触发条件触发后 1 内完成	站间通信中断
9	本极保护停运信号	极间通信中断
10	本极在双极功率控制模式、对极在双极功率控制模式，本极双阀组运行，上述任一条件退出 100ms 内	本极任一阀组在运行状态
11		来自对极或对站复归自动解锁功能信号（主要包括安稳动作、功率回降、控制系统状态不 OK）
12		对极不在运行状态
13		对极不在双极功率控制模式

在自动解锁功能得到触发后，将会进行故障阀组隔离、非故障阀组连接，极连接，自动解锁起极等功能。以站 1 极 I 高压阀组接地故障为例，两站的顺控执行流程如图 1-12 所示。

直流线路故障触发的自动解锁流程如图 1-13 所示。线路故障跳闸引起的自动重启默认隔离低压阀组，重启高压阀组。

非故障阀组自动解锁后将会自动恢复到双极功率控制模式，两极均在双极功率控制模式，两极电流得到迅速平衡，自动解锁后整个直流系统的功率将会维持自动解锁前功率水平。

1.2.2　换流器控制

1. 触发角闭环调节概述

换流器控制系统的核心任务是接收来自 PCP 主机的 VDCL 限幅后的电流指令，经过闭环调节器运算，产生触发角指令。

根据基本控制策略，触发角计算包括以下 3 个基本控制器：① 闭环电流调节器；② 电压调节器；③ 修正的 Gamma 控制器。

此外，为了在各种工况下都确保直流系统安全运行，在换流器控制中还包括对点火角（α）的限幅逻辑。

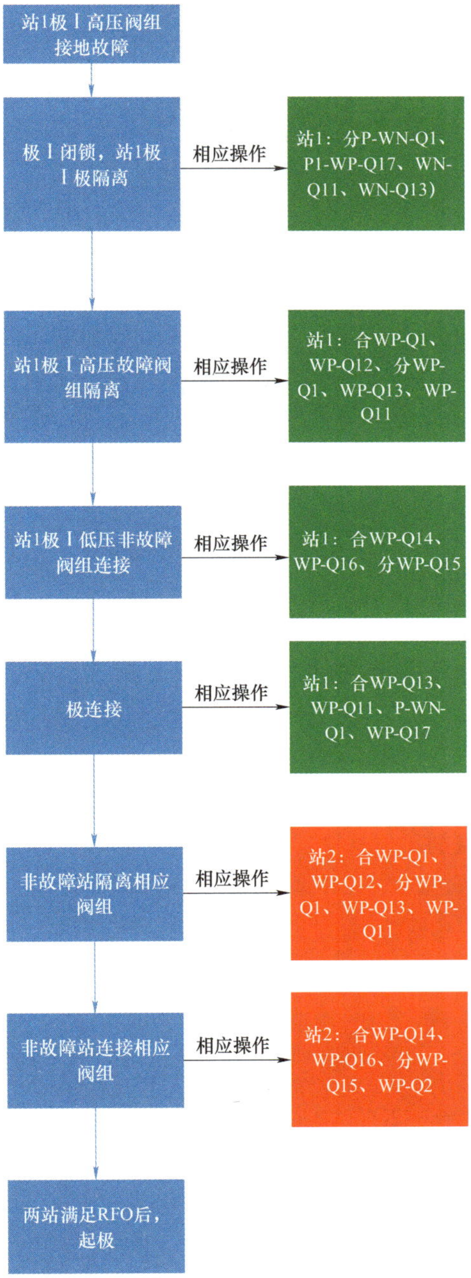

图 1-12 阀组故障健全换流器自动恢复流程

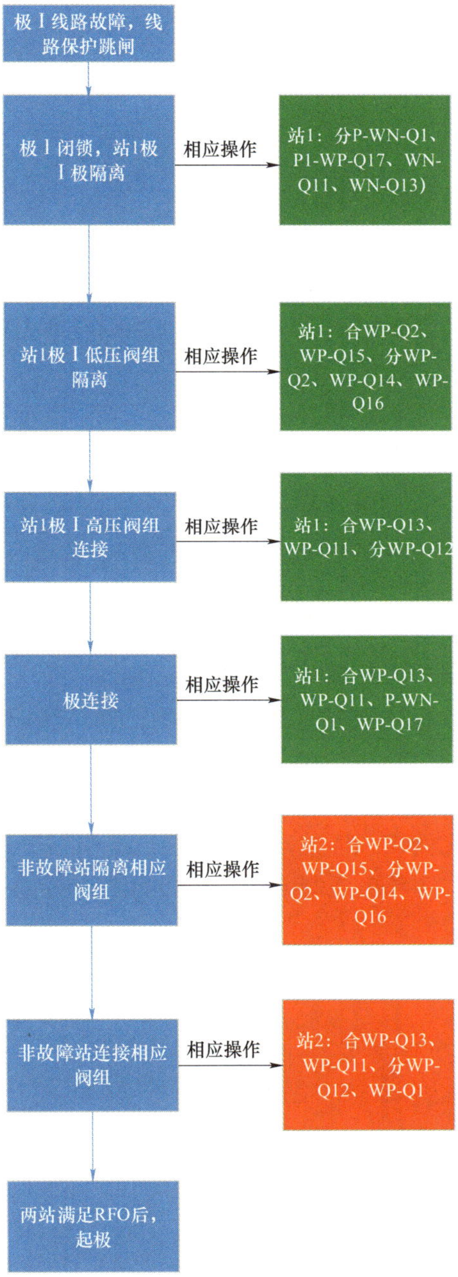

图 1-13 线路故障健全换流器自动解锁流程

在换流器控制中对整流和逆变运行配置不同的参数，使得在实际运行中整流侧和逆变侧由不同的调节器起作用，从而实现希望的 U_d/I_d 曲线。

3 个基本控制器的协调配合方式如图 1-14 所示。

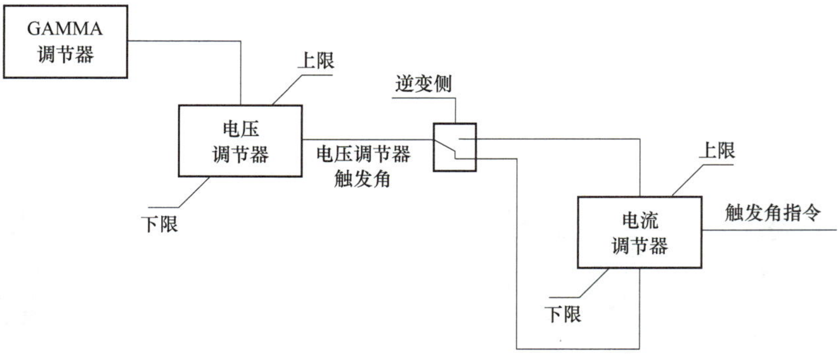

图 1-14 3 个基本控制器的协调配合方式

可以看到，图 1-14 所示方式采用限幅的方式在 3 个控制器之间进行协调配合。这种方式下，3 个控制器有自己独立的 PI 调节器。GAMMA 控制器的输出作为电压调节器的最大值限幅，电压调压器的输出在逆变运行时作为电流调节器的最大值限幅，在整流运行时作为最小值限幅。随着运行模式（整流/逆变），运行状态（起动/停运）以及外部交流系统条件的变化，3 个控制器之间依次限幅的配合方式使得在有效控制器的转换过程中输出值 Alpha Order 的变化是平滑的。

2. 闭环电流控制

整流侧和逆变侧配置完全一致的闭环电流调节器。通过在逆变侧的电流指令中减去一个电流裕度来实现整流侧控制电流，逆变侧确定电压。

闭环电流调节器的主要目标是保证电流控制环的性能，包括：① 快速阶跃响应；② 稳态时零电流误差；③ 平稳电流控制；④ 快速抑制故障时的过电流。

闭环电流控制测量实际直流电流值，与电流指令相比较后，得到的电流差值经过一个比例积分环节，输出为 Alpha 指令值到点火控制。

闭环电流调节器的传递函数如图 1-15 所示。

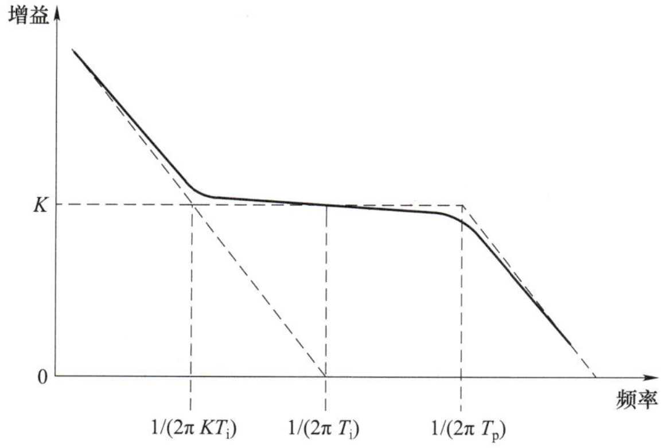

图 1-15 闭环电流调节器的传递函数

可以看出，低频时的增益较大。这意味着稳态时的电流误差为零。为了在低频时得到高增益，闭环电流调节器包括了积分部分。

为了提高电流控制的稳定性，在闭环电流调节器中加入了低通滤波器，使得电流控制在 5～20Hz 频率段内获得足够的相位裕度。积分器和低通滤波器的结合所产生的波特图如图 1－15 所示。

闭环电流调节器具有较高的静态增益和适当的动态增益，这样闭环电流控制在稳态时的电流误差为零，动态时也具有适当的动态性能。

闭环电流调节器功能概况如图 1－16 所示。所选择的比例常数与积分常数应使得闭环电流控制具有适当的动态性能。

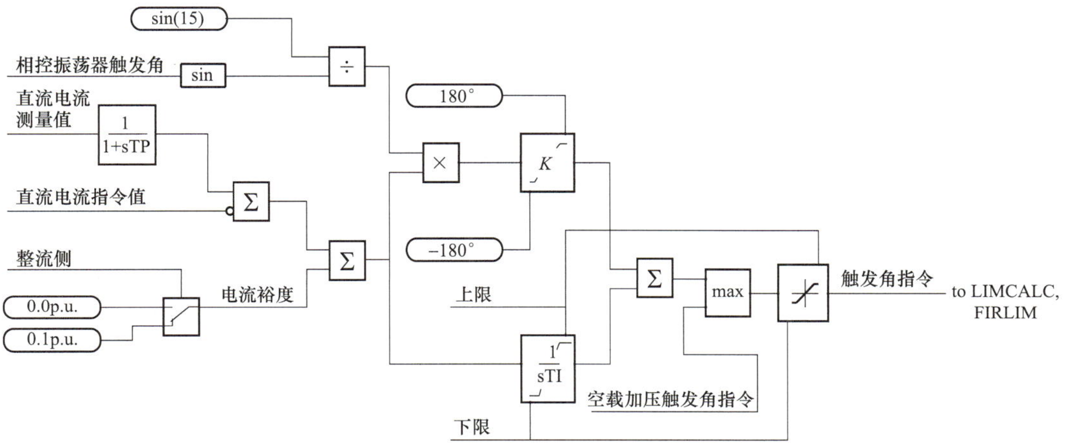

图 1－16 闭环电流调节器功能概况

为了使两端的电流调节器协调工作，在逆变侧的电流指令上减去了 0.1p.u.的电流裕度。这使得正常工况下，整流侧控制电流，逆变侧运行于最大延时角（INT_{max}），控制直流电压。

在积分环节和闭环电流调节器最终的输出都设有上、下限幅。这些限幅限制了闭环电流调节器在特殊运行环境下和输出范围。限幅可以强制使点火角在暂态下运行于预先设定的值。

3. 电压调节器

本工程是按双向传送直流功率设计的，整流侧和逆变侧都配置相应的电压调节器，其功能包括：① 过电压限制（仅整流侧）；② 直流电压调节器。

直流电压参考值由 PCP 主机的电压角度参考计算 VARC 功能进行计算并送至 CCP，直流电压由 CCP 直接测量。

电压控制器是一个 PI 调节器，其输出将作为电流控制器的上限值或下限值。当处于逆变运行时，它将作为电流控制器的上限值，以限制电流调节器（CCA）的最大触发角输出；当处于整流运行时，它将作为电流控制器的下限值，以限制 CCA 的最小触发角输出。

电压调节器功能概况如图 1－17 所示。

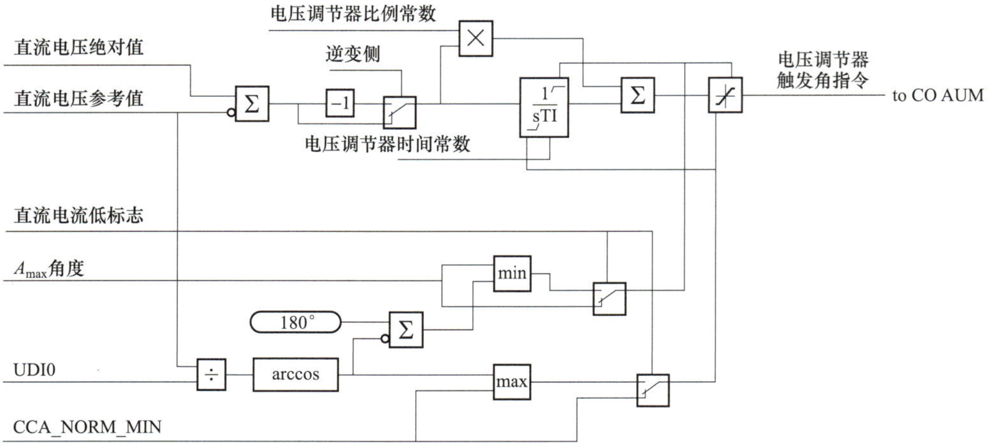

图 1-17　电压调节器功能概况

UD REF VARC 为电压调节器的电压参考值，来自电压和角度参考值计算（VARC）。实际直流电压值与电压参考值之间的差值的极性是根据当前运行模式 RECT/INV 而切换的，以获得正确的电压调节器的行为。

4. 逆变侧 A_{max} 控制

逆变站的直流电压为

$$U_{\mathrm{d}}=U_{\mathrm{d}}i_0\left[\cos\gamma_0-(d_{\mathrm{x}}-d_{\mathrm{r}})\frac{I_{\mathrm{d}}}{I_{\mathrm{dN}}}\bullet\frac{U_{\mathrm{d}}i_{0\mathrm{N}}}{U_{\mathrm{d}}i_0}\right] \tag{1-7}$$

从式（1-7）可以看出，对于恒定的 γ 角，当直流电流增大时，逆变端的直流电压将降低。因此，当逆变站运行于定 γ 控制时，在低频下具有负阻特性。

引入式（1-8）所示的电流项对定 γ 控制进行修正，使得它在暂态情况下具有正斜率，有利于直流系统提高系统的稳定性，即

$$\beta=\arccos\left[\cos\gamma_0-2d_{\mathrm{x}}\frac{I_0}{I_{\mathrm{dN}}}\bullet\frac{U_{\mathrm{d}}i_{0\mathrm{N}}}{U_{\mathrm{d}}i_0}-K(I_0-I_{\mathrm{d}})\right] \tag{1-8}$$

稳态情况下，$I_{\mathrm{d}}=I_0$，式（1-8）所确定的 β 可使逆变侧运行在定 γ 状态；暂态情况下，I_0 保持不变，I_{d} 因扰动而变大时，A_{max} 控制将减小 β 角使得逆变侧电压增大，直流电流 I_{d} 变小，从而回到稳态工作点。反之，I_{d} 因扰动变小时，A_{max} 控制将增大 β 角使得逆变侧电压减小，直流电流 I_{d} 增大。

A_{max} 控制的点火角计算公式为

$$A_{max}=180-\beta \tag{1-9}$$

由于存在电流裕度，逆变侧的闭环电流调节器将增大其点火角直至被允许的最大值。因此让逆变站运行于恒定点火角的最简单方法是设定电流控制放大器的最大输出限制为 A_{max} 控制的点火角。

逆变侧 A_{max} 控制功能概况如图 1-18 所示。

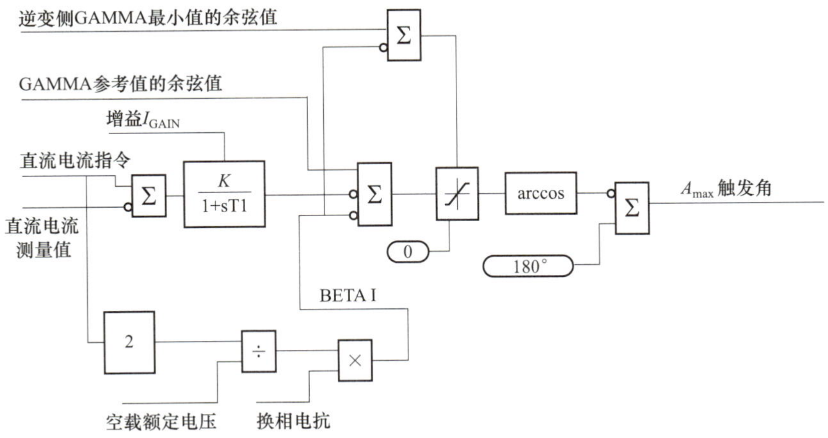

图 1-18 逆变侧 A_{max} 控制功能概况

图 1-18 中，BETA I 为电流指令与电流响应之间的误差，作为 A_{max} 控制比例积分环的输入。增益 I_{GAIN} 设定了 A_{max} 控制的正斜率。通过增益和时间常数的调节可以获得最好的动态性能。AMIN_CFPREV 为换相失败预测控制环节的输出。

5. 阀组电压平衡控制

考虑到受端站采用分层接入不同电压等级的交流电网，古泉站需要增加阀组电压平衡控制以保证两阀组的平衡运行，电压平衡控制在功率反送和功率正送下的控制策略不同。

（1）正送运行方式。直流功率正送运行时，受端处于逆变侧运行，高压和低压换流器正常运行中采用各自 A_{max} 修正的定阀组电压控制模式，其电压控制器的控制对象分别为本换流器两端的直流电压加上线路压降的一半计算出的整流侧直流电压，正常运行时电压控制器不起作用，由 A_{max} 控制将熄弧角稳定在 17° 左右。两换流器的换流变压器分接头控制采用定阀组电压策略，其控制对象与上述的电压控制器的控制对象一致。通过上述控制器配置，一方面，能够保证把整极的直流电压控制在额定直流电压；另一方面，也能够自动保证两个阀组的平衡运行。正送逆变侧控制如图 1-19 所示。

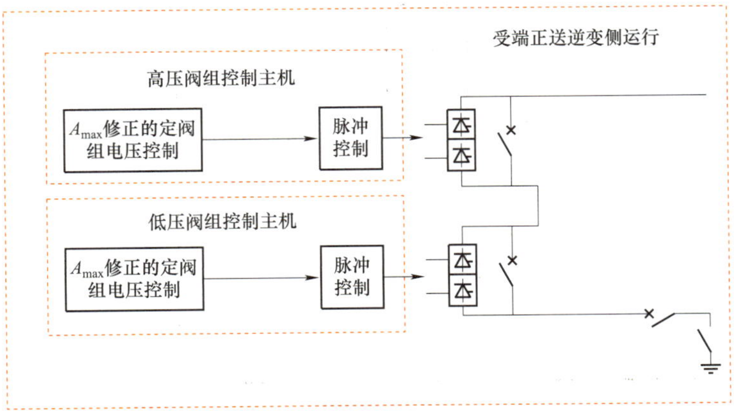

图 1-19 正送逆变侧控制

两侧协调控制的原则是电流裕度控制。即正常情况下，整流侧控制直流电流，逆变侧由于电流裕度的作用，退出电流控制，只控制直流电压。当某些特殊情况下，整流侧退出定电流控制，逆变侧两阀组退出各自 A_{max} 修正的定电压控制，而进入各自的定直流电流控制，逆变侧两阀组电压可能会存在偏差，这时通过逆变侧配置的阀组电压平衡功能对高低压阀组换流变压器分接头进行调节，以保证两个阀组的平衡运行。

（2）反送运行方式。考虑到逆变站采用分层接入不同电压等级的交流电网，功率反送和功率正送的控制策略不再相同。直流功率反送运行时，受端处于整流侧运行，高压和低压换流器都配置有阀组电压平衡控制模块。正常运行中设置一个主控阀组，主控阀组采用定电流控制，从控阀组采用触发角跟随和电压平衡控制。电压平衡控制输入为两个阀组电压，经电压调节单元输出电压平衡控制触发角修正指令，叠加到主控阀组电流控制得到的触发角，作用于从控阀组，保持两阀组电压的高度一致。电压平衡控制逻辑如图 1－20 所示。

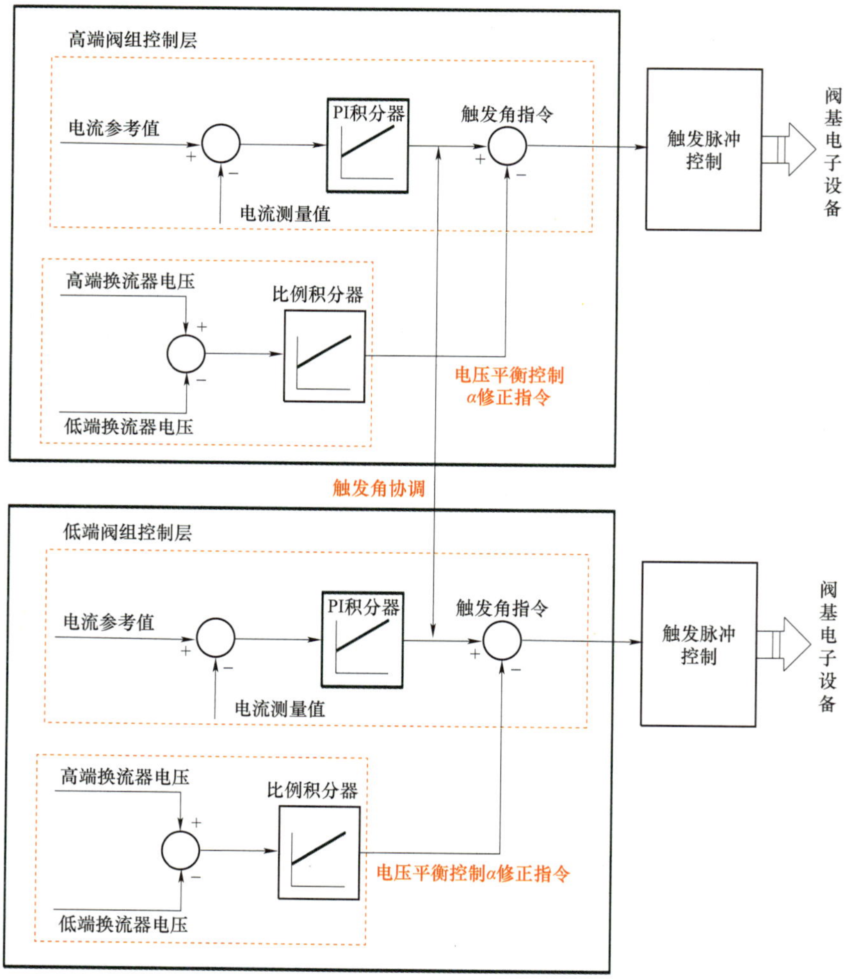

图 1－20　电压平衡控制逻辑

6. 换相失败预测控制（CFPRED）

换相失败预测控制（CFPRED）用于防止由交流故障引起的换相失败。该功能包括两个并行的部分。一部分是基于零序检测法来检测单相故障，另一部分是基于交流电压 α/β转换来检测三相故障。

检测原理为：① 单相故障时，三相电压总和不为零；② 三相故障时，交流电压 α/β转换的输出向量小于稳态时的值。

如果检测到交流故障，将增大 $A_{min,ref}$，以提前点火，预防换相失败。该角度同时送给 A_{max} 控制，以减小点火角的最大限幅值。

换相失败预测控制功能概况如图 1－21 所示。

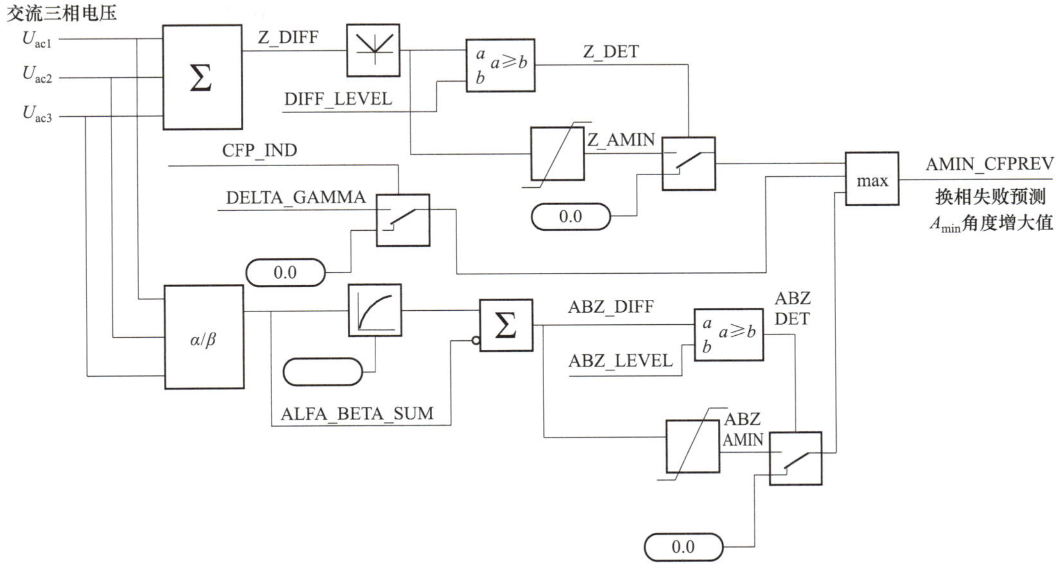

图 1－21 换相失败预测控制功能概况

换相失败预测的输入为交流电压，输出为在交流系统故障时对 A_{min} 控制和 A_{max} 控制的角度增大值。

7. 受端分层接入系统换相失败的预测控制

特高压直流受端分层接入系统的主回路特征是，受端高端和低端阀组分别接入 500kV 和 1000kV 两个交流电网，两个交流电网通过交流联络变相连，存在一定的耦合度。

当受端分层接入的两个交流电网耦合紧密时，一个电网交流故障时对另一个交流电网的影响很强，采用常规直流工程的零序电压法和 α/β变换法换相失败预测控制功能，两个交流电网所连接的两个阀组能够同步检测到交流故障，能够同时启动换相失败预测控制，同时增大 γ 角以防止换相失败。

当受端分层接入的两个交流电网耦合性低或无耦合时，一个电网交流故障时对另一个交流电网的影响不大，采用常规直流工程的换相失败预测控制功能，发生交流故障电网所连接的阀组能够及时启动换相失败预测控制，而另一个交流电网所连接的阀组并不能够同时启动换相失败预测控制。

启动换相失败预测控制的阀组所接交流电网故障，造成阀组电压的跌落，引起直流电流的快速增大；而高低压阀组是串联在一起的，直流电流的快速增大造成另一阀组的换相时间变长，叠弧角增大，熄弧角快速减小，在该阀组未能及时启动换相失败预测控制的情况下，增大了该阀组换相失败的概率。

针对上述情况，需要对换相失败预测控制功能做相应的修改，在古泉站增加以下两种功能。

（1）同时配置两个换相失败预测控制模块策略。将受端两交流电网的电压信号同时接入高、低压阀组，受端高、低压阀组控制主机分别配置两个换相失败预测控制模块，同时检测两个交流电网的故障，当任一模块换相失败预测控制启动时，则立即增大熄弧角，以防止换相失败情况的发生，增大的角度取两个预测模块计算值中较大值。

（2）采用直流电流测量值与指令值差值为判据的策略。鉴于单个阀组发生换相失败会存在因为直流电流的冲击而造成另一个阀组换相失败的可能，在特高压分层接入工程中增加以直流电流测量值与指令值差值大于设定电流值为判据的换相失败预测功能，判据启动后立即增大熄弧角，提供阀更大的换相裕度，以防止换相失败情况的发生；在某些工况下可以提升受端抵御换相失败的能力。

8. 起动/停运顺序

特高压直流系统的起动/停运顺序包括极单换流器起动/停运与双换流器起动/停运，两种方式的控制策略和顺序一致，且与常规直流工程的起动/停运顺序基本相同。

特高压直流系统起动包括联合控制下的起动和独立控制下的起动两种方式。

联合控制下，特高压直流起动的前提条件是两站的同一极处于RFO状态的换流器数量相等。PCP主机处理运行人员输入的功率定值和变化率，在直流功率/电流指令等于最小功率限制值时，发出起动命令 order_start，送至 CCP 主机，并通过站间通信，协调两站起动过程。CCP 收到 order_start 命令后，逆变侧先解锁；整流侧 CCP 接收到 PCP 转来的逆变侧已解锁状态指示后，同逆变侧一样进行操作。

逆变侧首先解锁，以建立直流电流回路，可以避免一旦整流侧解锁可能由于逆变侧开路而引起的线路过电压。当解锁顺序控制正在进行过程中出现保护闭锁命令时，解锁顺序控制将复位进行闭锁顺序控制。

独立控制模式时，两站运行人员可以分别发出解锁命令，但是，两站运行人员必须通过电话进行协调，以保证逆变侧总是在整流侧之前先解锁。

停运顺序是起动顺序的逆过程，CCP 接收 PCP 转来的站间协调信号，确保整流侧先闭锁，逆变侧后闭锁。

（1）正常解锁。解锁顺序逻辑将使得换流器自动而平滑的进入解锁状态。在解锁之前，换流器控制系统自动判断当前设备的状态是否允许解锁（Ready For Operation，RFO），以提供必要的联锁来保证设备安全稳定运行。

换流器 RFO 或极 RFO 条件满足后，PCP 发出起动命令给 CCP，并首先连接绝对最小滤波器（如果还没有连接的话）。当绝对最小滤波器连接后，CCP 解锁换流器。在解锁状态获得后，一定时间延迟后撤销移相命令。通过这样一个过程，直流输电系统平滑起动，避免了直流电压出现突变。

如果解锁过程中保护发出了保护性闭锁直流指令，解锁顺序将停止，停运顺序将使得系统恢复到闭锁状态。

当换流变压器交流断路器一合上，CCP 就开始发送触发脉冲到 VBE。阀基电子设备用这一触发脉冲预检可控硅，但是不产生触发脉冲触发阀。在这种情况下触发角在 164°，并且换流器还处在闭锁状态。

解锁换流器实质上是脉冲解锁，并且和对端站配合，准备传输直流电流和维持直流电压。最终触发阀，是送一个单独的信号给阀基电子设备。

换流器解锁顺序总是保证逆变站在整流站之前解锁。这意味着，如果在站间通信故障的情况下，两站要解锁，运行人员只有通过电话协调，使逆变站先于整流站解锁。一旦换流器解锁，解锁状态就确定了，直到闭锁顺序复归解锁。

正常的解锁时序如图 1-22 所示。

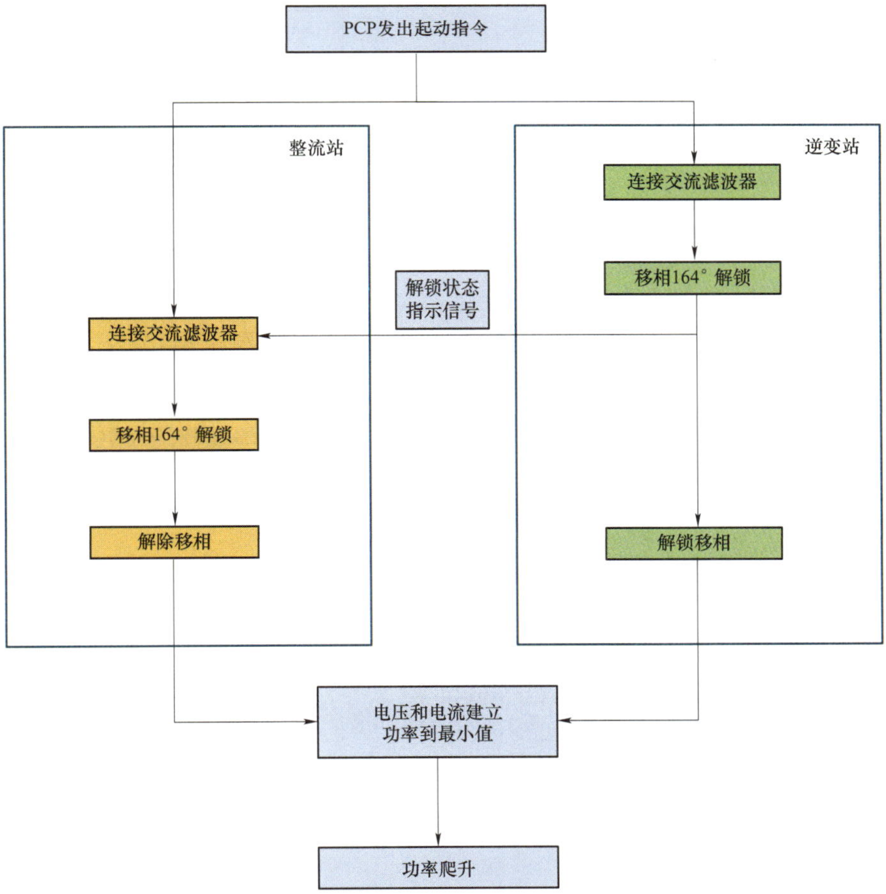

图 1-22　正常的解锁时序

1）逆变侧。首先解锁，连接交流滤波器，发令逆变侧移相 164° 解锁，解锁状态指示信号出现后解除移相命令。

2）整流侧。接收到逆变侧已解锁状态指示后，投入交流滤波器，164° 解锁，后解除移相命令，触发角由 164° 开始减小，直流电压开始上升。

3）两站正常解锁后，功率升降开始，升降速率由运行人员决定。升降从最小功率开始，直到运行人员定义的功率参考值，运行人员也可以在升降过程中选择停止。

（2）正常闭锁。换流器闭锁顺序总是保证整流站在逆变站之前闭锁。这意味着，如果在站间通信故障的情况下，两站要闭锁，运行人员只有通过电话协调，使整流站先于逆变站闭锁。

正常停极过程中的阀闭锁命令由运行人员在工作站手动发出。

正常的闭锁时序如图 1－23 所示。

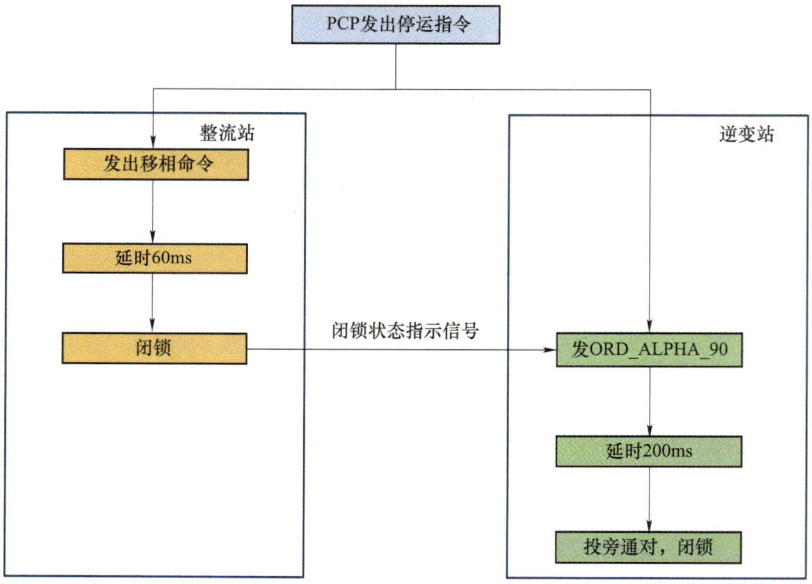

图 1－23　正常的闭锁时序

1）整流侧。正常停运时，立即发出移相命令（164°），并在一段延时 60ms 后，不带旁通对闭锁。

2）逆变侧。在接收到整流侧的闭锁指示信号后移相闭锁。停运顺序将立即发出触发角为 90° 的命令（ORD_ALPHA_90），200ms 后，投入旁通对闭锁。

9. 换流器投入退出顺序

特高压直流输电工程中，每个极配备了双 12 脉动阀组。实际运行中，极可以双阀组运行，也可以单阀组运行，且可以通过换流器的投入和退出顺序实现运行方式的在线转换。

阀组的投入与退出不中断另一阀组的正常运行；同时对直流功率输送带来的扰动应尽量小，以避免对整个电网带来过大的冲击。

站间通信正常时，阀组投入退出命令由主控站发出，两端换流站之间通过站间通信协调两站的控制时序。

无站间通信投入换流器时，两站分别下达换流器解锁命令，由运行人员通过电话协调两站解锁的次序，整流站先解锁，逆变站后解锁。无站间通信时，某站单换流器故障退出，对站通过换流器不平衡保护功能自动退出本极低压换流器。

换流器的投入与退出如图1－24所示。

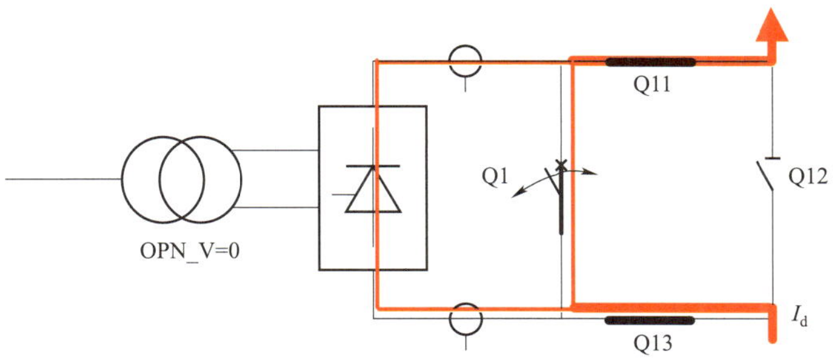

图1－24 换流器的投入与退出

（1）换流器投入。

1）有站间通信时。此时换流器允许投入的前提是极单阀组运行，且两站本极另一阀组均处于RFO状态。投入顺序如下。

a. 主控站发出换流器投入命令，投入的换流器立即解锁，解除移相，定电流调节器电流定值为IDNC实测值。在定电流调节器作用下，触发角逐渐下降，通过换流器的电流逐渐增大；当通过换流器的电流与IDNC相等时，触发角约为90°，此时拉开换流器旁通开关，直流电流完全转移至换流器。

b. 非主控站通过站间通信收到主控站投入换流器命令信号后，与主控站同样操作，解锁阀组，调节换流器电流，拉开旁通开关。

c. 逆变侧投入的换流器在电压调节器的作用下提升直流电压，整流侧维持直流电流为PCP电流指令值。

d. 直流电压和直流电流都达到指令值，换流器投入完成。

2）无站间通信时。此时两站运行人员通过电话沟通，整流侧先发换流器解锁命令，解除移相，升换流器直流电流达到IDNC后，拉开旁通开关；整流侧两换流器均进入定电流控制，等待逆变侧换流器投入；逆变站运行人员发出换流器解锁命令后，解除移相，升换流器直流电流达到IDNC后，拉开旁通开关；随后逆变侧提升直流电压，整流侧维持直流电流，换流器投入完成。整流、逆变两站解锁的时间间隔不能大于10s。

（2）换流器退出。

1）有站间通信时。此时换流器允许退出的前提是极双阀组运行，退出顺序如下。

a. 主控站的换流器退出命令后立即执行Alpha 90操作，Alpha 90后执行投旁通对操作，合换流器的旁通开关，然后闭锁该换流器。

b. 非主控站通过站间通信收到主控站退出换流器命令信号后，与主控站同样操作，立即执行 Alpha 90 操作，Alpha 90 后执行投旁通对操作，合换流器的旁通开关，然后闭锁该换流器。

c. 本极另一换流器继续运行，两站协调维持电流电压在指令值附近，换流器退出完成。

2）无站间通信时，某站单换流器故障退出，对站通过换流器不平衡保护功能自动退出本极低压换流器。当本站双阀组运行，且直流电压为（0.35～0.65）p.u.，换流器不平衡保护判别对站换流器已退出，将延时退出本站的低压换流器。

10. 保护性闭锁

保护性闭锁顺序是以最安全的方式将换流器或极停运的一系列操作。这一系列操作根据不同工况有不同的时序。保护性闭锁操作包括移相，投入旁通对，闭锁触发脉冲，合旁通开关，跳/锁定交流开关，换流器隔离等。故障侧保护性闭锁时，无站间通信的闭锁方式与有站间通信的一致，非故障侧通过阀组不平衡运行保护动作退出低压阀组。

为提高特高压直流输电系统的可靠性，结合特高压工程中两个串联的十二脉动阀组的特点，特高压直流不仅需要具备常规直流输电系统的闭锁方式，还具备隔离故障阀组的故障处理策略，双阀组串联运行时，如果保护检测到某一个阀组故障，将向控制系统发出退出该阀组的命令。根据执行结果不同，特高压直流保护性闭锁分为换流器层闭锁和极层闭锁两类。

（1）换流器层闭锁。换流器层闭锁分为阀换流器层 X 闭锁（U 闭锁）和换流器层 Y 闭锁（V 闭锁）两类，主要区别在于闭锁退出时是否投旁通对。换流器旁通区如图 1－25 所示，包括 BPS、BPI、S1 及 S2。

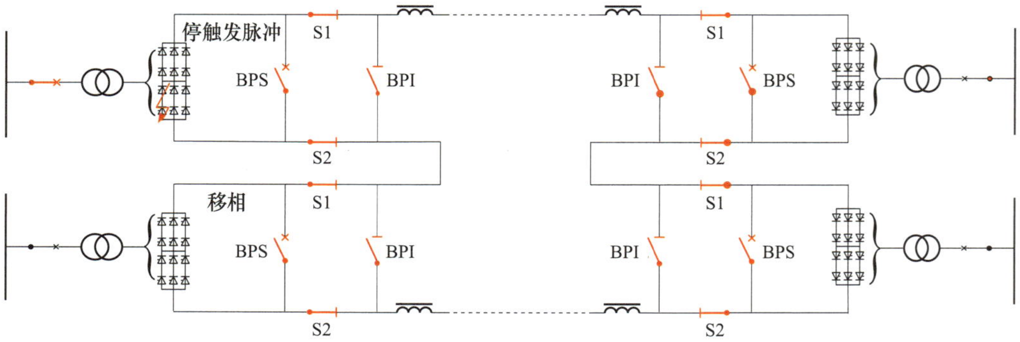

图 1－25　换流器旁通区

1）换流器层 X 闭锁。

a. 整流侧故障。① 整流侧立即停故障阀组的触发脉冲，跳换流变压器开关，合 BPS，非故障阀组移相，逆变侧对应移相 90°；② 逆变侧在触发角度和直流电压合适时投入旁通对，合旁通开关 BPS；③ 整流侧恢复非故障阀组的角度，整流侧 BPS 合闸到位时闭合 BPI，整流侧分 BPS、S1、S2，故障阀组隔离。

b. 逆变侧故障。① 逆变侧故障交流开关跳开后投入旁通对，合 BPS，整流侧对应阀组移相 90°；② 整流侧在触发角度和电压合适时投旁通对，合 BPS；③ 逆变侧的 BPS 合闸到位时闭合 BPI，逆变侧分 BPS、S1、S2，故障阀组隔离。

2）换流器层 Y 闭锁。

a. 整流侧故障。① 整流侧故障投旁通对，合旁通开关 BPS，同时跳换流变压器开关，逆变侧对应阀组移相 90°；② 逆变侧在触发角度和直流电压合适时投入旁通对，合旁通开关 BPS；③ 整流侧的 BPS 合闸到位时闭合 BPI，整流侧分 BPS、S1、S2。

b. 逆变侧故障。① 逆变侧故障阀组投旁通对，合旁通开关 BPS，同时跳换流变压器开关，整流侧对应阀组移相 90°；② 整流侧在触发角度和直流电压合适时投旁通对，合旁通开关 BPS；③ 逆变侧 BPS 合闸到位时闭合 BPI，逆变侧分 BPS、S1、S2。

（2）极层闭锁。极闭锁分为极层 X、Y、Z 闭锁类型。极单换流器运行时，换流器层 X 闭锁将执行极层 X 闭锁顺序，换流器层 Y 闭锁将执行极层 Y 闭锁顺序。

1）极层 X 闭锁。

a. 整流侧故障。① 整流侧立即闭锁换流阀，跳交流进线开关，不允许投入旁通对；② 收到对站的保护动作信号以后，逆变侧执行 Y－STOP，操作为执行 Alpha 90，200ms 后投 BPPO，合 BPS，BPS 合位时闭锁。

b. 逆变侧故障。① 逆变侧立即跳交流进线开关，开关跳开时或收到 X 闭锁命令 70ms 后投入旁通对，合 BPS，BPS 合位时闭锁换流阀；② 收到对站的保护动作信号以后，整流侧立即移相，60ms 后执行 Y－BLOCK，当满足 I_LOW 条件时，20ms 后闭锁；当不满足 I_LOW 条件时，20ms 后投入旁通对，合 BPS，BPS 合位时闭锁换流阀。

2）极层 Y 闭锁。

a. 整流侧故障。① 整流侧立即跳交流进线开关，移相，20ms 后满足 I_LOW 条件直接闭锁触发脉冲，若 I_LOW 条件不满足，则投入旁通对，合 BPS，BPS 合位时闭锁换流阀；② 收到对站的保护动作信号以后，逆变侧执行 Y－STOP，操作为执行 Alpha 90，200ms 后投 BPPO，合 BPS，BPS 合位时闭锁。

b. 逆变侧故障。① 逆变侧立即跳交流进线开关，投入旁通对，合 BPS，BPS 合上后闭锁换流阀；② 收到对站的保护动作信号以后，整流侧立即移相，60ms 后执行 Y－BLOCK，当满足 I_LOW 条件时，20ms 后闭锁，当不满足 I_LOW 条件时，20ms 后投入旁通对，合 BPS，BPS 合上后闭锁换流阀。

3）极层 Z 闭锁。

a. 整流侧故障。① 整流侧立即跳交流进线开关，投入旁通对，合 BPS，BPS 合上后闭锁换流阀；② 收到对站动作信号以后，逆变侧执行 Alpha 90，投入旁通对，合 BPS，BPS 合上以后闭锁换流阀。

b. 逆变侧故障。① 逆变侧立即跳交流进线开关，投入旁通对，合 BPS，BPS 合上后闭锁换流阀；② 收到对站的保护动作信号以后，整流侧立即移相，60ms 后执行 Y－BLOCK，当满足 I_LOW 条件时，20ms 后闭锁；当不满足 I_LOW 条件时，20ms 后投入旁通对，合 BPS，BPS 合上后闭锁换流阀。

如果站间通信故障，一站闭锁后，对站控制系统通过检测直流电压、电流等判断对侧进入闭锁状态，启动本侧的闭锁顺序以闭锁换流器，对于上述极闭锁方式，当整流侧发生极闭锁，逆变侧由低电流闭锁逻辑15min后闭锁本站相关阀组；逆变侧发生极闭锁，整流侧由线路重启动逻辑闭锁本站相关阀组。

11. 换流变压器分接头控制

换流器控制系统CCP中的分接头控制TCC承担单12脉动换流器的分接头控制和本极两个换流器分接头同步的任务。

整流侧换流变压器分接头控制维持换流变压器阀侧电压 U_{di0} 恒定或者触发角恒定，逆变侧分接头控制目标是维持整流侧线路平抗出口直流电压，在逆变侧定电流控制时，分接头控制维持逆变侧熄弧角恒定。

（1）控制方案。换流变压器抽头控制按以下方案调整逆变侧及整流侧换流变压器抽头位置。

1）手动模式。

a. 对单相换流变抽头的移动或对所有换流变抽头的同步移动。

b. 最大换流变压器阀侧理想空载直流电压 U_{di0} 的限制。

2）自动模式。空载控制模式如下。

a. 整流侧的抽头用来维持换流变压器阀侧的 U_{di0} 恒定或者触发角恒定。

b. 逆变侧的抽头用于维持换流变压器阀侧的 U_{di0} 恒定或者直流电压或者熄弧角恒定。

c. 最大换流变压器阀侧理想空载直流电压 U_{di0} 的限制。

d. 自动抽头同步。

（2）手动控制模式。换流变压器抽头控制具有手动控制和自动控制两种模式，如果选择了手动模式，报警信号将送至SCADA系统。

1）当运行在手动控制模式时，可单独调节单个换流变压器的抽头，也可同时调节一个12脉动换流器所有换流变压器的抽头。如果选择了单独调节抽头，那么在切换回自动控制前，必须对所有换流变压器的抽头进行手动同步。

2）手动控制被视为一种保留的控制模式。在自动控制模式失效的情况下，才被起用。

3）无论是在手动控制模式还是在自动控制模式，当抽头被升/降至最高/最低点时，CCP将发出信号至SCADA系统，并禁止抽头继续升高/降低。

（3）自动控制模式。

1）空载控制。换流变压器抽头的空载控制用于换流站闭锁和线路开路试验的情况。空载控制将控制换流变压器抽头位置在以下预先设定的位置。

a. 如果换流变压器失电（交流断路器断开），换流变压器抽头移至换流变压器充电前的设定挡位。

b. 如果换流变压器带电，不在线路开路试验状态下，且本极另一换流器未运行，换流变压器抽头根据允许的最小运行电流（0.1p.u.）建立 U_{di0}。

c. 如果换流变压器带电，且本极另一换流器已运行，则未运行的换流变压器抽头根据运行的换流器的 U_{di0} 进行同步。

在线路开路试验时，换流变压器抽头的空载控制根据 OLT 需要的直流电压等级控制 U_{di0} 为参考值。

2）U_{di0} 控制。

a. 换流变压器抽头控制器根据实际的换流变压器抽头位置和换流变压器交流侧电压计算换流变压器阀侧空载电压。将计算得到的换流变压器阀侧空载电压与设定的参考值进行比较，得到电压误差。

b. 换流变压器抽头控制器根据得到的电压误差来产生升/降换流变压器抽头的命令。当电压误差超过动作死区上限时，发出降抽头的命令；当电压误差超过动作死区下限时，发出升抽头的命令。执行抽头升降指令的时候有一定的延时，以避免抽头在交、直流电压扰动时发生升降。

3）U_{di0} 限幅。U_{di0} 限幅的主要目的是防止设备承受过高的稳态电压应力。因此，U_{di0} 限幅是凌驾在正常抽头控制之上的。这样可以保证稳态时的 U_{di0} 永远不会大于 U_{di0L}。通过抽头控制换流变压器阀侧电压来达到此目的。U_{di0G} 和 U_{di0L} 是与 U_{di0} 限幅相关的限幅值，见表 1－3。U_{di0G} 为换流变压器抽头控制中允许发出增大 U_{di0} 指令的上限。

表 1－3　与 U_{di0} 限幅相关的限幅值

$U_{di0G} \leqslant U_{di0} \leqslant U_{di0L}$	当 U_{di0} 大于 U_{di0G} 但小于 U_{di0L} 时，U_{di0} 限幅闭锁任何将增大换流变压器阀侧电压的抽头动作指令
$U_{di0} \geqslant U_{di0L}$	当 U_{di0} 大于 U_{di0L} 时，U_{di0} 限幅发出降低换流变压器阀侧电压的抽头动作指令

U_{di0L} 被选的足够高，可以避免抽头来回振荡，如在增大 U_{di0} 的指令后不能紧接着发出降低 U_{di0} 的指令。

在所有的控制模式下，包括在手动控制模式下，U_{di0} 的限幅功能都是有效的。它在抽头控制中具有最高的先优级。

4）角度控制。角度控制用于整流侧正常运行工况下换流变压器分接头的控制，换流变压器分接头控制器将实测的换流器触发角和设定的参考值进行比较，得到角度差。当角度差超过动作死区上限时，发出降分接头的命令；当角度差超过动作死区下限时，发出升分接头的命令。执行换流变压器分接头升降指令的时候有一定的延时，以避免分接头在交、直流电压扰动时发生升降。

5）电压控制。电压控制用于逆变侧正常运行工况下换流变压器分接头的控制，逆变侧计算线路电压降，根据本侧直流电压确定整流侧直流电压在设定值附近。直流电压测量值和参考值均来自 PCP 主机，利于逆变侧两阀组分接头同步。

6）自动抽头同步。当 12 脉动换流器换流变压器的各抽头位置不一致时，产生报警信号至 SCADA 系统。此时，自动同步功能可以重新同步换流变压器抽头。自动同步功能仅在自动控制模式下有效。自动同步功能力图同步换流变压器的抽头位置，如果同步功能不成功，将发出一个报警信号，并禁止自动控制。在手动控制模式下，如果选择了调节单个换流变压器抽头的控制模式，在返回自动控制前换流变压器抽头必须被手动同步。

（4）送端分接头协调。实现两换流单元平衡运行的协调对象之一为两换流单元的分接头挡位。送端与常规特高压直流工程一致，每极的两个换流单元及其变压器参数完全相同，为保证两个换流单元的平衡运行，只需要保证两个换流单元的触发角相同、换流变压器分接头挡位一致即可。

1）正常情况。正常每极双换流单元同时解锁运行时，每个换流单元的分接头控制以控制同一个触发角指令（整流侧）或者同一个直流电压（逆变侧）为控制目标，一般能够保证两个换流单元对应换流变压器的分接头挡位一致，实现两个阀组的平衡运行。

2）特殊情况。为防止特殊情况下出现两个换流单元对应的换流变压器的分接头挡位不一致的情况，送端设置了换流单元分接头挡位同步功能。在两个换流单元的分接头挡位出现偏差时，自动将非控制阀组的分接头挡位向控制阀组的分接头挡位靠拢。

（5）受端分接头协调。本工程中，受端每极的高压阀组和低压阀组分别连接到500kV和1000kV的交流电网，相应的两个换流单元对应换流变压器的分接头挡位数目和每挡的电压大小都有所差别。为保证双换流单元同时解锁运行时的平衡，需要保证两个换流单元阀侧电压大小尽量一致。

1）受端正常逆变侧运行。此时由两个阀组根据各自两端的直流电压来控制各自的分接头，和对应的电压控制器配合，实现两个换流器的高度平衡运行；当交流电压异常整流侧退出定电流控制而逆变侧退出定电压进入电流控制模式时，受端两阀组电压会存在差异，因此受端配置了阀组电压平衡功能，该功能对两个分接头进行协调控制，以实现两个换流器阀侧电压的平衡运行。

2）受端整流侧运行。此时，两换流器的换流变压器分接头控制采用各自独立的定换流器触发角策略，两个换流器平衡运行控制由阀组电压平衡功能对换流器触发角调节来实现。

（6）双极换流变压器分接头同步。

1）双极功率控制方式运行时，分层接入送端与常规特高压直流工程一致，配置双极换流变压器分接头同步功能，保持对4个阀组平衡同步的功能。

2）若分层接入受端高低压阀组换流变压器特性不同，不能采用对4个阀组平衡同步的功能，需要按同一交流网同一特性换流变压器分别同步，即配置双极按高阀对高阀、低阀对低阀分别对分接头进行同步功能。

12. 保护性监视功能

直流控制和直流保护采用完全独立的设计原则，在物理上相互分离。但在换流器控制系统中还配置了一些保护性监视功能，来辅助直流保护。这些保护性监控功能以触发角等控制变量作为输入信号，其结果是调节触发角、升降换流变压器分接头、降低功率等控制行为。这些保护性监控功能包括阀触发监视保护、阀厅火灾报警、最后断路器跳闸、电压过应力保护等。

（1）阀触发监视保护。阀触发监视保护功能在换流器控制系统中实现，该保护功能通过比较换流器控制系统发出的点火脉冲（CP）和收到的回报信号（FP）来判断换流器是否正常导通。阀触发监视的处理策略分为切换段和动作段。动作段动作后，立即闭锁换流器、跳/锁定换流变压器开关等。

1）阀厅火灾跳闸。换流器控制系统通过采集阀厅火灾相关量的数据，通过特定的跳闸判定逻辑产生阀厅火灾跳闸信号，延时 300ms 切换控制系统，再延时 500ms 启动阀厅火灾跳闸逻辑，立即闭锁换流器，跳/锁定换流变压器开关等。阀厅火灾跳闸逻辑如图 1－26 所示。

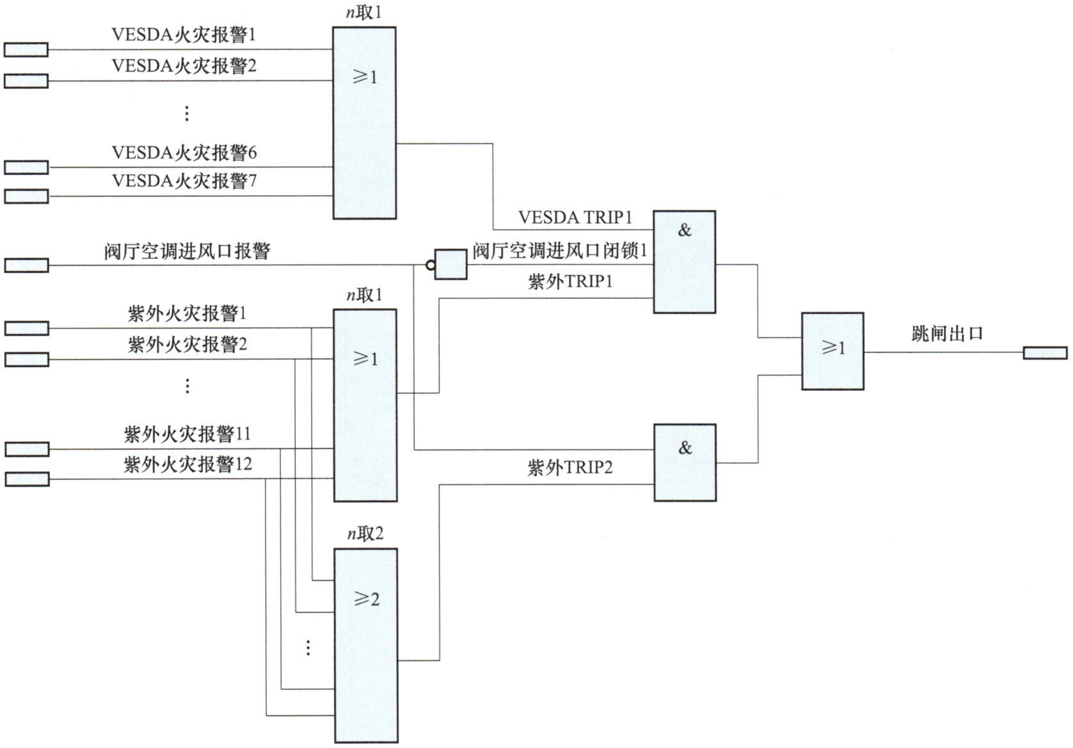

图 1－26　阀厅火灾跳闸逻辑

2）电压过应力保护。该保护防止交流电压过高、换流变压器分接头异常等。电压过应力保护动作处理策略分禁止升分接头、请求降分接头、切换段和动作段。动作段动作后，立即闭锁、跳/锁定换流变压器开关等。

1.2.3 极区（高压母线、中性母线、直流线路、直流滤波器）

极区的保护配置如图 1－27 所示。

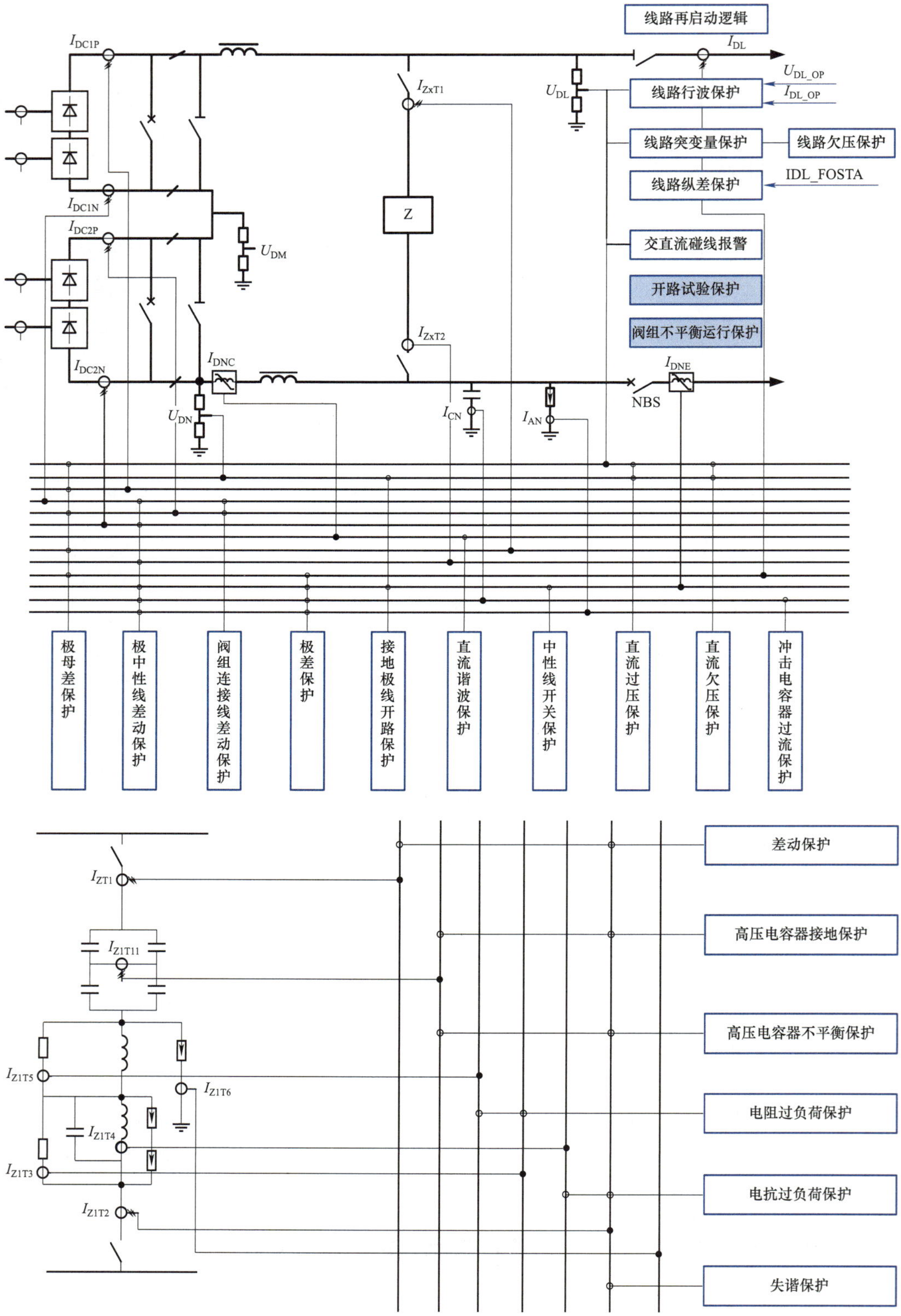

图 1-27　极区的保护配置

极区的保护与常规直流输电的保护配置基本相同，但是增加了阀组连接线差动保护。由于运行方式较常规直流增加，各保护需要考虑对运行方式的适应性。有些保护性控制功能，存在于对应层次的控制系统中，可能包括阀组不平衡运行保护、开路试验保护等。极区保护配置见表 1－4。

表 1－4　　极区保护配置

序号	保护名称	保护缩写	备注
1	极母差保护	87HB	
2	极中性线差动保护	87LB	
3	阀组连接线差动保护	87VL	
4	极差保护	87DCB	
5	接地极线开路保护	59/37DC	
6	50/100Hz 保护	81－50/100Hz	
7	中性线开关保护	82－NBS	
8	直流过电压保护	59DC	
9	直流欠电压保护	27DC	
10	开路试验保护	OLTP	配置在控制主机
11	交直流碰线监视	AC－DCLT	
12	直流线路行波保护	WFPDL	
	直流线路突变量保护	27d*u*/d*t*	
	直流线路欠电压保护	27DCL	
	直流线路纵差保护	87DCLL	
	直流线路再启动逻辑	RL	配置在控制主机
13	直流滤波器差动保护	87DF	
	直流滤波器不平衡报警	60/61DF	
	直流滤波器电抗热过负荷保护	50/51DFL	
	直流滤波器电阻热过负荷保护	50/51DFR	
	直流滤波器失谐监视	DFDS	
	直流滤波器高压电容器接地保护		
14	阀组不平衡运行保护	60/61V	配置在控制主机
15	冲击电容器过电流保护		

下面对每一种保护的用途和原理、保护范围或故障、采用的测量量、后备保护情况，需要的配合，以及保护的动作结果进行详细说明。

1. 极母差保护（87HB）

极母差保护的缩写为87HB，具体见表1-5。

表1-5　　极母差保护

保护的故障	整个高压母线区域内的各种接地故障	87HB
保护原理	正常运行、仅高压阀组运行时，判据为 $I_{dif}=\|I_{DC1P}-I_{DL}\pm I_{ZT1}\|$ $I_{RES}=\max(I_{DC1P}, I_{DL}, I_{FT1})$ $I_{dif}>\max(I_{set}, k_{set}\cdot I_{RES})$ 仅低压阀组运行时，判据为 $I_{dif}=\|I_{DC2P}-I_{DL}\pm I_{ZT1}\|$ $I_{RES}=\max(I_{DC2P}, I_{DL}, I_{ZT1})$ $I_{dif}>\max(I_{set}, k_{set}\cdot I_{RES})$ 快速段有直流电压闭锁判据	
保护段数	2	
保护配合	不需要配合	
后备保护	极差保护、直流欠压保护	
是否依靠通信	否	
被录波的量	差电流、制动电流、保护动作	
保护动作后果	极闭锁（极层Z闭锁）； 跳交流断路器； 启动失灵； 锁定交流断路器； 触发录波	

2. 极中性线差动保护（87LB）

极中性线差动保护的缩写为87LB，具体见表1-6。

表1-6　　极中性线差动保护

保护的故障	整个中性母线区域内的各种接地故障	87LB
保护原理	正常运行、仅低压阀组运行时，判据为 $I_{dif}=\|I_{DC2N}-I_{DNE}\pm I_{Z1T2}\pm I_{AN}\pm I_{CN}\|$ $I_{RES}=\max(\|I_{DC2N}\|, \|I_{DNE}\|, \|I_{Z1T2}\|, \|I_{Z2T2}\|)$ $I_{dif}>\max(I_{set}, k_{set}\cdot I_{RES})$ 仅高压阀组运行时，判据为 $I_{dif}=\|I_{DC1N}-I_{DNE}\pm I_{Z1T2}\pm I_{Z2T2}\pm I_{AN}\pm I_{CN}\|$ $I_{RES}=\max(\|I_{DC1N}\|, \|I_{DNE}\|, \|I_{Z1T2}\|, \|I_{Z2T2}\|)$ $I_{dif}>\max(I_{set}, k_{set}\cdot I_{RES})$	
保护段数	2	
保护配合	不需要配合	
后备保护	极差保护	
是否依靠通信	否	
被录波的量	差电流、制动电流、保护动作	

续表

保护动作后果	极闭锁（极层 Z 闭锁）； 跳交流断路器； 启动失灵； 锁定交流断路器； 触发录波

3. 阀组连接线差动保护（87VL）

阀组连接线差动保护的缩写为 87VL，具体见表 1-7。

表 1-7 阀组连接线差动保护

保护的故障	高、低压阀组连接母线区域内的接地故障	87VL
保护原理	两阀组都运行时保护投入，判据为 $I_{dif}=\|I_{DC1N}-I_{DC2P}\|$ $I_{RES}=\|I_{DC1N}+I_{DC2P}\|/2$ $I_{dif}>\max(I_{set}, k_{set}\cdot I_{RES})$	
保护段数	2	
保护配合	与高、低压阀组投入、退出操作时序配合	
后备保护	极差保护、直流欠压保护	
是否依靠通信	否	
被录波的量	差电流、制动电流、保护动作	
保护动作后果	极闭锁（极层 Z 闭锁）； 跳交流断路器； 启动失灵； 锁定交流断路器； 触发录波	

4. 极差保护（87DCB）

极差保护的缩写为 87DCB，具体见表 1-8。

表 1-8 极 差 保 护

保护的故障	整个极区的接地故障	87DCB
保护原理	判据为 $I_{dif}=\|I_{DL}-I_{DNE}\pm I_{CN}\pm I_{AN}\|$ $I_{RES}=\|I_{DL}+I_{DNE}\|/2$ $I_{dif}>\max(I_{set}, k_{set}\cdot I_{RES})$	
保护段数	2	
保护配合	与换流器差动保护、极母差保护、极中性线差动保护配合	
后备保护	本身为后备保护	
是否依靠通信	否	

续表

被录波的量	差电流、制动电流、保护动作	
保护动作后果	极闭锁（极层 Z 闭锁）； 跳交流断路器； 启动失灵； 锁定交流断路器； 触发录波	

5. 接地极线开路保护（59/37DC）

接地极线开路保护的缩写为 59/37DC，具体见表 1－9。

表 1－9　接地极线开路保护

保护的故障	防止整个系统受接地极开路造成的过电压的危害	59/37DC
保护原理	判据为 I_ELOC＝IDNE Ⅰ：$U_{DN}>U_{dn\_set1}$，T11 合 NBGS，T12 停运； Ⅱ：$U_{DN}>U_{dn\_set2}$，T21 合 NBGS，T22 停运； Ⅲ：$U_{DN}>U_{dn\_set3}$& I_ELOC$<I_{set}$，停运	
保护段数	3	
保护配合	与设备的绝缘能力配合	
后备保护	无	
是否依靠通信	否	
被录波的量	电压、保护动作	
保护动作后果	Ⅰ段、Ⅱ段 T1： 合 NBGS； 触发录波； Ⅰ段、Ⅱ段 T2、Ⅲ段： 闭锁（Ⅰ、Ⅱ段极层 Z 闭锁，Ⅲ段极层 X 闭锁）； 跳交流断路器； 启动失灵； 锁定交流断路器； 触发录波	

6. 50/100Hz 保护（81－50/100Hz）

50/100Hz 保护的缩写为 81－50/100Hz，具体见表 1－10。

表 1－10　50/100Hz 保护

保护的故障	主要保护由于触发回路故障造成的阀不正常触发，也作为系统性的后备保护，在交流系统不对称故障无法切除时，作为后备保护	81－50/100Hz
保护原理	判据为 $I_{DNC\_50Hz}>I_{set1}$ $I_{DNC\_100Hz}>I_{set1}$ 50Hz 谐波电流采集带宽为 40～60Hz，100Hz 谐波电流采集带宽为 80～120Hz	

续表

保护段数	2
保护配合	与交流系统故障切除时间与阀的过应力能力配合
后备保护	本身为后备保护
是否依靠通信	否
被录波的量	IDNC_50Hz、IDNC_100Hz、保护动作
保护动作后果	请求控制系统切换； 极闭锁（极层 Y 闭锁）； 跳交流断路器； 启动失灵； 锁定交流断路器； 触发录波

7. 中性线开关保护（82－NBS）

中性线开关保护的缩写为 82－NBS，具体见表 1－11。

表 1－11 中性线开关保护

保护的故障	在 NBS 无法断弧的情况下，重合开关以保护设备	82－NBS
保护原理	判据为 $I_{NBS}>I_{set1}$ 或 $I_{DNE}>I_{set2}$ NBS_OPEN_IND＝1 经过一定的时间，保护动作	
保护段数	2	
保护配合	与开关的特性配合	
后备保护	无	
是否依靠通信	否	
被录波的量	I_{DNE}、NBS_OPEN_IND、保护动作	
软连接片设置	有独立软连接片	
保护动作后果	重合 NBS； 触发录波	

8. 直流过电压保护（59DC）

直流过电压保护的缩写为 59DC，具体见表 1－12。

表 1－12 直流过电压保护

保护的故障	保护整个极区的所有设备避免由于各种原因造成的过电压的危害	59DC
保护原理	判据为 $\|U_{DL}\|>U_{D,set1}$ $\|U_{DL}-U_{DN}\|>U_{D,set2}$ 且 $\|I_{DNE}\|<I_{set}$	
保护段数	2	

续表

保护配合	与一次设备的绝缘配合
后备保护	控制系统中的电压控制功能
是否依靠通信	否
被录波的量	所有电压、保护动作
保护动作后果	请求控制系统切换； 极闭锁（Ⅰ段 Z，Ⅱ段 X）； 跳交流断路器； 启动失灵； 锁定交流断路器； 触发录波

9. 直流欠电压保护（27DC）

直流欠电压保护的缩写为27DC，具体见表1－13。

表1－13　直流欠电压保护

保护的故障	保护整个极区的所有设备的后备保护，检测各种原因造成的接地短路故障	27DC
保护原理	判据为 $\lvert U_{DL}\rvert < U_{D,set1}$	
保护段数	1	
保护配合	与正常操作或者非直流系统原因造成的低电压配合，如阀组退出操作、直流线路故障、换相失败、交流系统故障等	
后备保护	本身为后备保护	
是否依靠通信	否	
被录波的量	所有电压、保护动作	
保护动作后果	请求控制系统切换； 极闭锁（极层 Z 闭锁）； 触发录波	

10. 开路试验保护（OLTP）

开路试验保护的缩写为OLTP，具体见表1－14。

表1－14　开路试验保护

保护的故障	保护在开路试验情况下的接地或者绝缘不足的情况	OLTP
保护原理	$U_{d,cal}$ 为根据触发角、空载电压计算出的直流电压，判据为 $\lvert U_{d,cal}-U_d\rvert > \Delta U_{d,set}$ 或 $\lvert I_{DNC}\rvert > I_{d,set}$ 或 $\lvert \max(I_{VYH}, I_{VDH})-I_{DNC}\rvert > I_{dd,set}$ 或 $\lvert \max(I_{VYL}, I_{VDL})-I_{DNC}\rvert > I_{dd,set}$ 阀组电压偏差判据，仅在双阀组同时进行 OLT 时投入，$\lvert\lvert U_{DL}-U_{DM}\rvert-\lvert U_{DM}-U_{DN}\rvert\rvert > U_{d,set}$ 时报警或跳闸	
保护段数	1	
保护配合	与设备的绝缘水平、泄漏电流配合	

续表

后备保护	本身为后备保护
是否依靠通信	否
被录波的量	差电流、计算电压、直流电压、相关电流、保护动作
保护动作后果	闭锁（极层 X 闭锁）； 跳交流断路器； 启动失灵； 锁定交流断路器； 触发录波

11. 交直流碰线监视（AC－DCLT）

交直流碰线监视的缩写为 AC－DCLT，具体见表 1－15。

表 1－15　交直流碰线监视

保护的故障	检测交直流线路碰接造成的故障	AC－DCLT
保护原理	判据为 $U_{DL,ost,50Hz}$ 为对站直流电压中的 50Hz 分量 $U_{DL,50Hz}>U_{DL,50Hz,set}$ & $U_{DL,ost,50Hz}>U_{DL,ost,50Hz,set}$	
保护段数	1	
保护配合	能够检测出跨越的交流线路的电压等级造成的 50Hz 成分	
后备保护	无	
是否依靠通信	是	
被录波的量	$U_{DL,50Hz}$、保护动作	
保护动作后果	报警； 触发录波； 闭锁线路重启逻辑	

12. 直流线路保护

（1）直流线路行波保护。线路行波保护的缩写为 WFPDL，具体见表 1－16。

表 1－16　直流线路行波保护

保护的故障	检测直流线路上的金属性接地故障	WFPDL
保护原理	当直流线路发生故障时，相当于在故障点叠加了一个反向电源，这个反向电源造成的影响以行波的方式向两站传播，保护通过检测行波的特征来检出线路的故障，判据为 $a_{(t)}=Zi_{(t)}-u_{(t)}$（反向行波，经过差模与共模分解得到差模量和共模量，下标分别为 dif 与 com） $\mathrm{d}a_{com}/\mathrm{d}t>\mathrm{d}a\mathrm{d}t_{set}$ $\mathrm{d}a_{com}>\mathrm{d}a_{com,set}$ $\mathrm{d}a_{dif}>\mathrm{d}a_{dif,set}t$ a_{dif} 与 a_{com} 极性相同； 通过选取合理的定值，可以确保保护在区外故障、换相失败、交流系统故障时不会动作	
保护段数	1	
保护配合	避免在起停操作、换相失败、交流系统故障、另一极故障时保护动作	

续表

后备保护	线路欠电压保护、线路纵差保护
是否依靠通信	否
被录波的量	a_{com}、a_{dif}、保护动作
保护动作后果	启动线路重起逻辑； 触发录波

（2）直流线路突变量保护。线路突变量保护的缩写为27d*u*/d*t*，具体见表1－17。

表1－17　　直流线路突变量保护

保护的故障	检测直流线路上的金属性接地故障	27d*u*/d*t*
保护原理	当直流线路发生故障时，会造成直流电压的跌落，故障位置的不同，电压跌落的速度也不同。通过对电压跌落的速度进行判断，可以检测出直流线路上的故障，判据为 $dU_{DL}/dt < dU_{DL,set}$ $\|U_{DL}\| < U_{DL,set}$ 通过选取合理的定值，可以确保保护在区外故障、换相失败、交流系统故障时不会动作	
保护段数	1	
保护配合	避免在起停操作、换相失败、交流系统故障、另一极故障时保护动作	
后备保护	线路欠电压保护、线路纵差保护	
是否依靠通信	否	
被录波的量	dU_{DL}/dt、直流电压、保护动作	
保护动作后果	启动线路再启动逻辑； 触发录波	

（3）直流线路欠电压保护。线路欠电压保护的缩写为27DCL，具体见表1－18。

表1－18　　直流线路欠电压保护

保护的故障	检测直流线路上的金属性和高阻接地故障	27 DCL
保护原理	当直流线路发生故障时，会造成直流电压无法维持。通过对直流电压的检测，如果发现直流电压持续一定的时间低，同时没有发生交流系统故障，也没有发生换相失败，判断为直流线路故障，判据为 $\|U_{DL}\| < U_{DL,set}$	
保护段数	1	
保护配合	避免在起停操作、换相失败、交流系统故障时保护动作，延时与直流低电压保护配合，要短于此保护	
后备保护	线路纵差保护	
是否依靠通信	在通信正常时，接收对站是否有交流系统故障信号；当通信中断后，保护动作延时加长，与对站交流故障切除时间配合	
被录波的量	直流电压、交流系统故障指示、保护动作	
保护动作后果	启动线路重起逻辑； 触发录波	

（4）直流线路纵差保护。直流线路纵差保护的缩写为87DCLL，具体见表1－19。

表1－19　直流线路纵差保护

保护的故障	检测直流线路上的金属性和高阻接地故障	87DCLL
保护原理	当直流线路发生故障时，必然造成直流线路两端的电流大小不等，判据为 $I_{dif}=\|I_{DL}-I_{DL,ost}\|$（$I_{DL,ost}$为对站电流，通过控制系统站间通道传送） $I_{res}=\|I_{DL}+I_{DL,ost}\|/2$ $I_{dif}>\max(I_{set},k_{set}I_{res})$	
保护段数	1	
保护配合	避免在起停操作、换相失败、功率升降时保护动作	
后备保护	本身为后备保护	
是否依靠通信	站间通信中断时保护将被闭锁	
被录波的量	差流、制动电流、$I_{DL,ost}$、保护动作	
保护动作后果	启动线路重起逻辑； 触发录波	

（5）直流线路再启动逻辑。直流线路再启动逻辑的缩写为RL，具体见表1－20。

表1－20　直流线路再启动逻辑

保护的故障	直流线路瞬时性故障的恢复措施，当无法恢复成功时将系统停运	RL
保护原理	当直流线路发生故障时，线路保护动作，要求执行线路故障恢复时序。线路重启逻辑通过要求移相操作，迅速将直流电压降到0，等待故障点去游离时间后，撤销移相命令，系统重新建立到故障前的电流、电压，恢复运行。重启时间、重启后的电压、重启次数可设定。设定值允许为零次（不进行重启操作，直接停运）、一或两次全压再起动，一次降压再启动。每次再启动的去游离时间可以单独设定，但不能超出一个合适的范围（过短造成的无法完成去游离，或者过长导致对系统产生影响）。 如果全压再启动次数已达到整定次数，但因绝缘恢复时无法在设定的时间内达到全压水平而未能成功，再启动逻辑会按预先设置的降压参考值进行一次降压再启动。 根据需要，在某些情况下再启动功能会退出一段时间（在此期间内不再进行重启），比如在一个极事故闭锁后。该时间可调整。 双极的再启动功能会根据系统的需要相互进行协调，如在一个极直流线路故障再启动期间，会禁止另一极的直流线路故障再启动功能，一个极直流线路故障再启动成功后，再经过一定时间延迟（该延时可设定），等电网扰动平息后，才允许另一极的直流线路故障再启动功能投入。 以上描述中提到的可以设定的部分，均可以在运行人员工作站上根据权限方便地进行设置。本功能在控制系统中实现	
保护段数	—	
保护配合	与故障点的去游离时间配合	
后备保护	—	
是否依靠通信	通信中断时降压重启功能无法实现	
被录波的量	请求移相、重启、保护动作	

续表

保护动作后果	请求移相； 重启； 如果重启不成功； 闭锁（极层 Y 闭锁）； 跳交流断路器； 启动失灵； 锁定交流断路器； 触发录波

13. 直流滤波器保护

（1）直流滤波器差动保护。直流滤波器差动保护的缩写为 87DF，具体见表 1－21。

表 1－21　直流滤波器差动保护

保护的故障	检测直流滤波器内部的接地故障	87DF
保护原理	比率差动保护判据为 $\|I_{ZT1}-I_{Z1T2}\|>\max(I_{qd}, k\|I_{ZT1}\|)$ 差动速断保护判据为 $\|I_{ZT1}-I_{Z1T2}-I_{Z2T2}\|>-I_{sd}$	
保护段数	1	
保护配合	避免线路故障期间由于电流互感器（CT）配合误动	
后备保护	极差保护	
是否依靠通信	否	
被录波的量	差流、保护动作	
保护动作后果	跳直流滤波器刀闸（滤波器电流小）； 闭锁极（直流滤波器电流大）； 跳交流断路器启动失灵； 锁定交流断路器； 触发录波	

（2）直流滤波器不平衡报警。直流滤波器不平衡报警的缩写为 60/61DF，具体见表 1－22。

表 1－22　直流滤波器不平衡报警

保护的故障	检测直流滤波器高压电容器组的故障	60/61DF
保护原理	判据为 $(I_{ZxT1}/I_{ZxT2})>K_{set}, I_{ZxT1}>I_{unb}$	
保护段数	1	
保护配合	与直流滤波器的电容结构配合	
后备保护	无	
是否依靠通信	否	
被录波的量	不平衡电流、保护动作	
保护动作后果	报警	

(3) 直流滤波器电抗热过负荷保护。直流滤波器电抗热过负荷保护的缩写为 50/51DFL，具体见表 1-23。

表 1-23 直流滤波器电抗热过负荷保护

保护的故障	监测直流滤波器电抗的过负荷，避免直流滤波器电抗过应力	50/51DFL
保护原理	判据为 $T=\tau \cdot \ln\frac{I^2}{I^2-(k \cdot I_\theta)^2}$ I 为实时测量的 1～36 次、考虑了集肤效应系数的电流有效值； 即，$I=\sqrt{\sum_{i=1}^{36} m_i I_i^2}$，$m_i$ 为第 i 次谐波集肤效应系数	
保护段数	1	
保护配合	与滤波器器件的热承受能力配合	
后备保护	无	
是否依靠通信	否	
被录波的量	电抗电流、保护动作	
保护动作后果	跳直流滤波器（滤波器电流小）； 闭锁极（滤波器电流大）； 跳交流断路器； 启动失灵； 锁定交流断路器； 触发录波	

(4) 直流滤波器电阻热过负荷保护。直流滤波器电阻热过负荷保护的缩写为 50/51DFR，具体见表 1-24。

表 1-24 直流滤波器电阻热过负荷保护

保护的故障	监测直流滤波器电阻的过负荷，避免直流滤波器电阻过应力	50/51DFR
保护原理	判据为 $T=\tau \cdot \ln\frac{I^2}{I^2-(k \cdot I_\theta)^2}$ I 为实时测量的 1～36 次、不考虑集肤效应系数的电流有效值	
保护段数	1	
保护配合	与滤波器器件的热承受能力配合	
后备保护	无	
是否依靠通信	否	
被录波的量	电阻电流、保护动作	
保护动作后果	跳直流滤波器（滤波器电流小）； 闭锁极（滤波器电流大）； 跳交流断路器； 启动失灵； 锁定交流断路器； 触发录波	

（5）直流滤波器失谐监视。直流滤波器失谐监视的缩写为 DFDS，具体见表 1－25。

表 1－25　　直流滤波器失谐监视

保护的故障	检测直流滤波器内部细小元件变化	DFDS
保护原理	失谐监视，也称失谐报警，通过比较相邻的两个极上的尾端 CT 中的 12 次谐波幅值来甄别直流滤波器的细小变化，在异常时发出失谐报警信号。该保护仅在双极平衡运行情况下投入，判据为 $I_{\mathrm{Zx}T2,op(12h)}>k \cdot I_{\mathrm{Zx}T2(12h)}, I_{\mathrm{Zx}T2,op}>I_{set}$ k 为失谐监视系数； $I_{\mathrm{Zx}T2(12h)}$是本极直流滤波器尾端电流的 12 次谐波幅值； $I_{\mathrm{Zx}T2,op(12h)}$是相邻的他极直流滤波器尾端电流的 12 次谐波幅值	
保护段数	1	
保护配合	仅在双极功率控制，且平衡模式下有效	
后备保护	无	
是否依靠通信	依靠极间通信	
被录波的量	对极电流、本极的保护动作	
保护动作后果	报警	

（6）直流滤波器高压电容器接地保护。直流滤波器高压电容器接地保护的具体内容见表 1－26。

表 1－26　　直流滤波器高压电容器接地保护

保护的故障	检测直流滤波器高压电容器组的故障	
保护原理	判据为 $(I_{\mathrm{Zx}T1}/I_{\mathrm{Zx}T2})>K_{set1}, I_{\mathrm{Zx}T1}>I_{unb}$，报警； $(I_{\mathrm{Zx}T1}/I_{\mathrm{Zx}T2})>K_{set1}, I_{\mathrm{Zx}T1}>I_{unb}, I_{dcf,diff,qd}>I_{set,qd}$，动作	
保护段数	2	
保护配合	与直流滤波器的电容结构配合	
后备保护	无	
是否依靠通信	否	
被录波的量	不平衡电流、比值、保护动作	
保护动作后果	跳直流滤波器（滤波器电流小）； 闭锁极（滤波器电流大）； 跳交流断路器启动失灵； 锁定交流断路器； 触发录波	

14. 阀组不平衡运行保护（60/61V）

阀组不平衡运行保护的缩写为 60/61V，具体内容见表 1－27。

表 1-27 阀组不平衡运行保护

保护的故障	检测整流站和逆变站投入运行的换流器个数是否相同，确保两站运行在电压平衡状态下	60/61V
保护原理	判据为 $U_{DL,set1} < \lvert U_{dL} \rvert < U_{DL,set2}$	
保护段数	1	
保护配合	无通信情况下投入	
后备保护	无	
是否依靠通信	否	
被录波的量	直流电源、保护动作	
保护动作后果	退低压阀组； 触发录波	

15. 冲击电容器过电流保护

冲击电容器过电流保护的具体内容见表 1-28。

表 1-28 冲击电容器过电流保护

保护的故障	冲击电容器击穿过电流	
保护原理	判据为 $\lvert I_{CN} \rvert > I_{COCP,set1}$	
保护段数	1	
保护配合	无	
后备保护	无	
是否依靠通信	否	
被录波的量	保护告警、保护动作	
保护动作后果	极层 Y 闭锁； 跳交流断路器； 启动失灵； 锁定交流断路器； 触发录波	

1.2.4 双极区（双极连接区、接地极线路、金属回线）

双极区的保护配置如图 1-28 所示。

双极区的保护功能分布在极层的保护装置中。接地极阻抗监视有单独装置实现。

双极区保护配置见表 1-29。

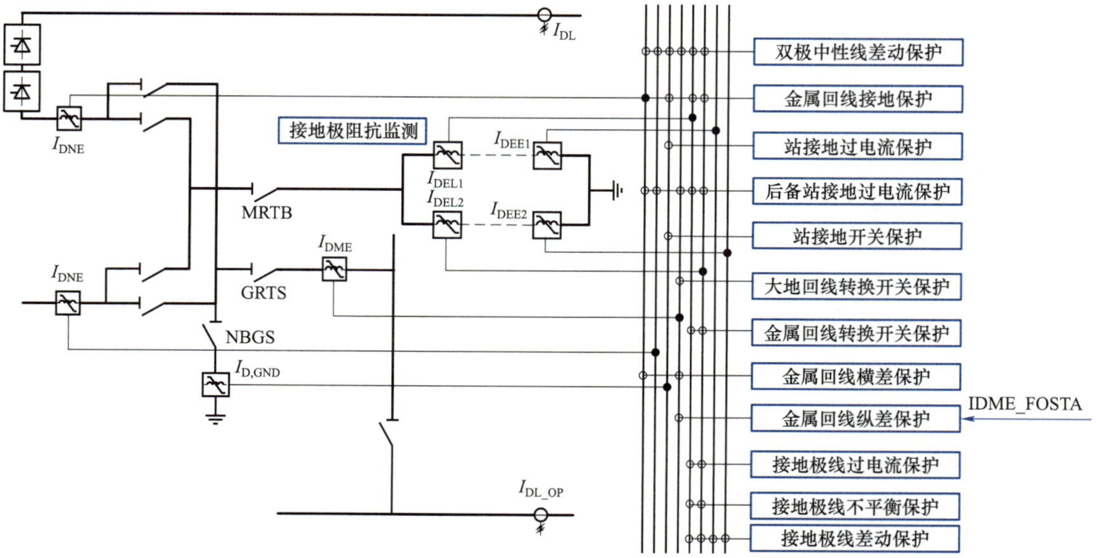

图1-28 双极区的保护配置

表1-29　　双极区保护配置

序号	保护名称	保护缩写
1	双极中性线差动保护	87EB
2	站接地过电流保护	76SG
3	后备站接地过电流保护	76SGB
4	站接地开关保护	82-NBGS
5	大地回线转换开关保护	82-GRTS
6	金属回线转换开关保护	82-MRTB
7	金属回线接地保护	50MRG
8	金属回线横差保护	60MRT
9	金属回线纵差保护	87MRL
10	接地极线过电流保护	76EL
11	接地极线不平衡保护	60EL
12	接地极线差动保护	87EL

下面对每一种保护的用途和原理、保护范围或故障、采用的测量量、后备保护情况，需要的配合，以及保护的动作结果进行详细说明。

1. 双极中性线差动保护（87EB）

双极中性线差动保护的缩写为87EB，具体内容见表1-30。

表 1-30　　双极中性线差动保护

保护的故障	保护双极中性母线的接地故障，位置由每个极的 IDNE 测量到接地极线的测量	87EB
保护原理	判据为 $I_{BNB,diff}=\|\pm I_{DNE}-(\pm I_{DNE,op})-I_{DME}-I_{DGND}-I_{DEL1}-I_{DEL2}\|$ $I_{res}=\|\pm I_{DNE}-(\pm I_{DNE,op})\|$ $I_{BNB,diff}>I_{Bdif,alm}$ 报警 $I_{BNB,diff}>I_{set}+k_{set}\cdot I_{res}$ 保护动作	
保护段数	2	
保护配合	与运行方式相配合，控制极的保护系统投入运行	
后备保护	站接地过电流保护	
是否依靠通信	否	
被录波的量	差电流、制动电流、保护动作	
保护动作后果	1. 报警段 报警； 触发录波； 2. 双极运行时 请求极平衡； 闭锁（极层 Y 闭锁）； 跳交流断路器； 启动失灵； 锁定交流断路器； 极隔离； 触发录波； 3. 单极运行时 移相重起； 闭锁（极层 Y 闭锁）； 跳交流断路器； 启动失灵； 锁定交流断路器； 极隔离； 触发录波	

2. 站接地过电流保护（76SG）

站接地过电流保护的缩写为 76SG，具体内容见表 1-31。

表 1-31　　站接地过电流保护

保护的故障	保护站接地网，防止过大的接地电流对站接地网造成的破坏	76SG
保护原理	判据为 $\|I_{DGND}\|>I_{DGND,almset}$ $\|I_{DGND}\|>I_{DGND,set}$	
保护段数	2	
保护配合	与站接地网的过载能力配合	
后备保护	后备站地过电流保护	

续表

是否依靠通信	否
被录波的量	有关电流、保护动作
保护动作后果	1. 报警段 报警； 触发录波； 2. 双极运行时 请求极平衡； 闭锁（极层 Y 闭锁）； 跳交流断路器； 启动失灵； 锁定交流断路器； 极隔离； 触发录波； 3. 单极运行时 闭锁（极层 Y 闭锁）； 跳交流断路器； 启动失灵； 锁定交流断路器； 极隔离； 触发录波

3. 后备站接地过电流保护（76SGB）

后备站接地过电流保护的缩写为 76SGB，具体内容见表 1-32。

表 1-32　后备站接地过电流保护

保护的故障	保护站接地网，防止过大的接地电流对站接地网造成的破坏	76SGB
保护原理	判据为 $I_{DGND,SW}=\|\pm I_{DNE}-(\pm I_{DNE,op})-I_{DEL1}-I_{DEL2}-I_{DME}\|$ $I_{DGND,SW}>I_{DGND,almset}$ $I_{DGND,SW}>I_{DGND,set}$	
保护段数	2	
保护配合	与站接地网的过载能力配合，金属回线运行时保护退出	
后备保护	本身为后备保护	
是否依靠通信	否	
被录波的量	有关电流、保护动作	
保护动作后果	1. 报警段 报警； 触发录波； 2. 双极运行时 请求极平衡； 闭锁（极层 Y 闭锁）； 跳交流断路器； 启动失灵； 锁定交流断路器； 极隔离； 触发录波；	

续表

保护动作后果	3. 单极运行时 闭锁（极层 Y 闭锁）； 跳交流断路器； 启动失灵； 锁定交流断路器； 极隔离； 触发录波

4. 站接地开关保护（82 – NBGS）

站接地开关保护的缩写为 82 – NBGS，具体内容见表 1 – 33。

表 1 – 33　站接地开关保护

保护的故障	如果开关无法断弧，重合开关以保证开关不被损坏	82 – NBGS
保护原理	判据为 $\|I_{NBGS}\|>I_{DGND,set1}$ 或$\|I_{DGND}\|>I_{DGND,set2}$ NBGS_OPEN_IND = 1 经过一定的时间，保护动作	
保护段数	2	
保护配合	与开关的特性配合	
后备保护	—	
是否依靠通信	否	
被录波的量	I_{NBGS}、I_{DGND}、NBGS_OPEN_IND、保护动作	
保护动作后果	重合 NBGS； 触发录波	

5. 大地回线转换开关保护（82 – GRTS）

大地回线转换开关保护的缩写为 82 – GRTS，具体内容见表 1 – 34。

表 1 – 34　大地回线转换开关保护

保护的故障	如果开关无法断弧，重合开关以保证开关不被损坏	82 – GRTS
保护原理	判据为 $\|I_{GRTS}\|>I_{DME,set1}$ 或 $\|I_{DME}\|>I_{DME,set2}$ GRTS _OPEN_IND = 1 经过一定的时间，保护动作，保护动作信号会发送给极层控制系统的顺控功能，禁止继续进行下一步操作，保持最终的状态	
保护段数	2	
保护配合	与开关的特性配合	
后备保护	—	

续表

是否依靠通信	否
被录波的量	I_{GRTS}、I_{DME}、GRTS _OPEN_IND、保护动作
保护动作后果	重合 GRTS； 触发录波

6. 金属回线转换开关保护（82－MRTB）

金属回线转换开关保护的缩写为82－MRTB，具体内容见表1－35。

表1－35　金属回线转换开关保护

保护的故障	如果开关无法断弧，重合开关以保证开关不被损坏	82－MRTB
保护原理	判据为 $\|I_{MRTB}\|>$MRTB_set1 或$\|I_{DEL}\|>$MRTB_set2 MRTB_OPEN_IND＝1 经过一定的时间，保护动作，保护动作信号会发送给极层控制系统的顺控功能，禁止继续进行下一步操作，保持最终的状态	
保护段数	2	
保护配合	与开关的特性配合	
后备保护	—	
是否依靠通信	否	
被录波的量	I_{MRTB}、I_{DEL}、MRTB_OPEN_IND、保护动作	
保护动作后果	重合 MRTB； 触发录波	

7. 金属回线接地保护（50MRG）

金属回线接地保护的缩写为50MRG，具体内容见表1－36。

表1－36　金属回线接地保护

保护的故障	保护金属回线情况下所有的接地故障	50MRG
保护原理	判据为 $I_{DGND,MR}=\|I_{DGND}+I_{DEL1}+I_{DEL2}\|$ $I_{DGND,MR}>I_{DGND,MR,almset}$ $I_{DGND,MR}>I_{DGND,MR,set}$	
保护段数	2	
保护配合	与其他金属回线情况下检测接地的保护配合，作为最后的后备。只在接地站保护投入	

续表

后备保护	本身为后备保护
是否依靠通信	否
被录波的量	相关电流、保护动作
保护动作后果	1. Ⅰ段 报警； 触发录波； 2. Ⅱ段 移相重启； 闭锁； 跳交流断路器； 启动失灵； 锁定交流断路器； 极隔离； 触发录波

8. 金属回线横差保护（60MRT）

金属回线横差保护的缩写为60MRT，具体内容见表1－37。

表1－37　金属回线横差保护

保护的故障	保护金属回线运行时的接地故障	60MRT
保护原理	判据为 $I_{dif}=\|I_{DNE}-I_{DME}\|$ $I_{res}=\|I_{DME}\|$ $I_{dif}>\max(I_{dif,set},k_{set}\cdot I_{res})$	
保护段数	3	
保护配合	与金属回线接地保护配合，与线路保护配合，金属回线运行时保护投入	
后备保护	本身为后备保护	
是否依靠通信	否	
被录波的量	差电流、制动电流、保护动作	
保护动作后果	1. 报警段 报警； 触发录波； 2. Ⅰ、Ⅱ段 闭锁（极层Y闭锁）； 跳交流断路器； 启动失灵； 锁定交流断路器； 极隔离； 触发录波	

9. 金属回线纵差保护（87MRL）

金属回线纵差保护的缩写为87MRL，具体内容见表1－38。

表 1-38　　　金属回线纵差保护

保护的故障	保护金属回线运行时金属回线的接地故障	87MRL
保护原理	I_{DME} 为本站金属回线的电流，$I_{DME,ostA}$ 为对站金属回线的电流（通过控制系统站间通道传送），判据为 $I_{dif}=\|I_{DME}-I_{DME,ostA}\|$ $I_{RES}=\|I_{DME}+I_{DME,ostA}\|/2$ $I_{dif}>\max(I_{dif,set}, k_{set}\cdot I_{RES})$	
保护段数	1	
保护配合	避免在起停操作、换相失败、功率升降时保护动作	
后备保护	本身为后备保护	
是否依靠通信	通信中断时保护将被闭锁	
被录波的量	差流、制动电流、I_{DME}、$I_{DME,ostA}$、保护动作	
保护动作后果	移相重启； 闭锁（极层 Y 闭锁）； 跳交流断路器； 启动失灵； 锁定交流断路器； 极隔离； 触发录波	

10. 接地极线过电流保护（76EL）

接地极线过电流保护的缩写为 76EL，具体内容见表 1-39。

表 1-39　　　接地极线过电流保护

保护的故障	保护接地极线，避免接地极线过负荷	76EL
保护原理	判据为 $\|I_{DEL1}\|>I_{alm}$ $\|I_{DEL2}\|>I_{alm}$ $\|I_{DEL1}\|>I_{set}$ $\|I_{DEL2}\|>I_{set}$	
保护段数	2	
保护配合	与接地极线的过负荷能力配合	
后备保护	—	
是否依靠通信	否	
被录波的量	相关电流、保护动作	
保护动作后果	1. 报警段 报警； 触发录波； 2. 单极运行 功率回降； 触发录波； 3. 双极运行 请求极平衡； 触发录波	

11. 接地极线不平衡保护（60EL）

接地极线不平衡保护的缩写为60EL，具体内容见表1-40。

表1-40　接地极线不平衡保护

保护的故障	保护接地极线，检测接地极线的断线与接地故障	60EL
保护原理	判据为 $I_{dif}=\|I_{DEL1}-I_{DEL2}\|$ $\|I_{DEL1}\|>I_{set}$，$\|I_{DEL2}\|>I_{set}$ 同时满足并且 $I_{dif}>I_{tdel,set}$	
保护段数	1	
保护配合	无	
后备保护	—	
是否依靠通信	否	
被录波的量	差电流、制动电流、保护动作	
保护动作后果	1. 报警段 报警； 2. 单极运行 移相重启； Y 闭锁； 跳交流断路器； 启动失灵； 极隔离； 触发录波； 3. 双极运行 极平衡； Y 闭锁； 跳交流断路器； 启动失灵； 极隔离； 触发录波	

12. 接地极线差动保护（87EL）

接地极线差动保护的缩写为87EL，具体内容见表1-41。

表1-41　接地极线差动保护

保护的故障	保护接地极线，检测接地极线断线和接地故障	87EL
保护原理	判据为 $\|I_{DEL1}-I_{DEE1}\|>\max(50A, 0.1\|I_{DEE1}\|)$或者 $\|I_{DEL2}-I_{DEE2}\|>\max(50A, 0.1\|I_{DEE2}\|)$	
保护段数	1	
保护配合	接地极线不平衡保护	
后备保护		
是否依靠通信	否	

续表

被录波的量	差电流、制动电流、保护动作
保护动作后果	1. 报警段 报警； 2. 单极运行 移相重启； Y 闭锁； 跳交流断路器； 启动失灵； 极隔离； 触发录波； 3. 双极运行 极平衡； Y 闭锁； 跳交流断路器； 启动失灵； 极隔离； 触发录波

1.2.5 换流器区保护配置

换流器区保护配置描述说明了换流器保护的配置和原理，保护动作结果等。换流器区保护种类及其测点信号，如图 1-29 所示。

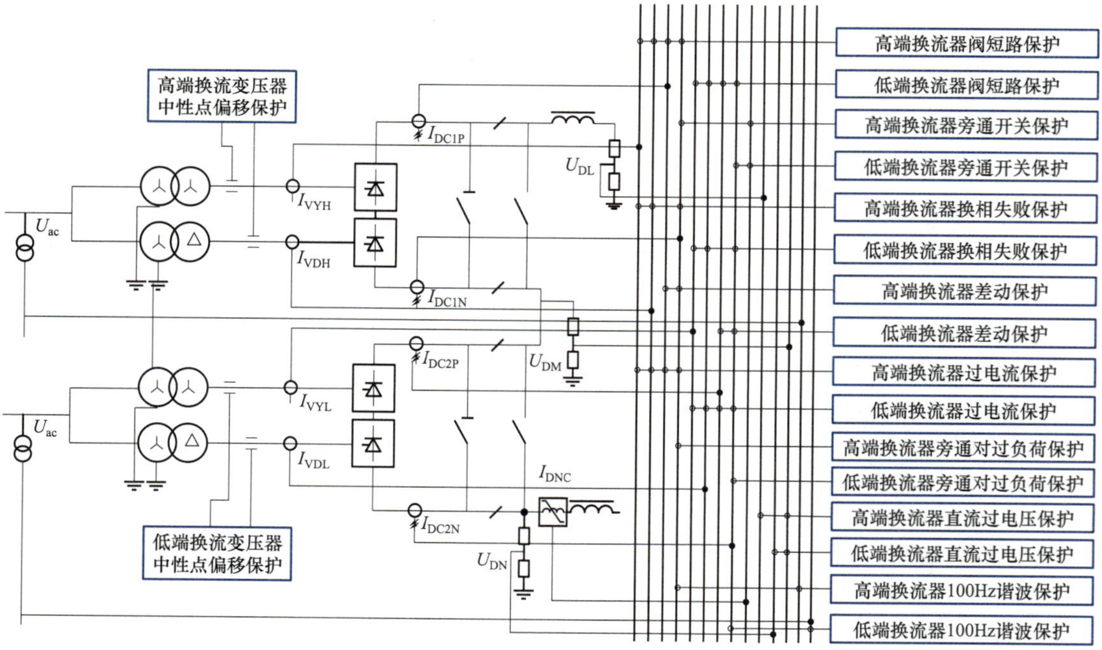

图 1-29 换流器区保护种类及其测点信号

高低压换流器区的保护配置完全相同，分布在各自的保护主机里。有些保护性控制功能存在于对应层次的控制系统中，可能包括：① 换相失败预测；② 晶闸管结温监测；③ 大角度监视；④ 晶闸管元件异常监视；⑤ 交流限压保护；⑥ 阀丢失脉冲保护。

换流器区保护配置见表 1－42，保护缩写后缀 H/L 中 H 表示高端换流器，L 表示低端换流器。

表 1－42　换流器区保护配置

序号	保护名称	保护缩写	备注
1	高/低端换流器阀短路保护	87SCSH/L	
2	高/低端换流器换相失败保护	87SCFPH/L	
3	高/低端换流器差动保护	87DCH/L	
4	高/低端换流器过电流保护	50/51H/L	
5	高/低端换流器旁通开关保护	PBPH/L	
6	高/低端换流变压器阀侧中性点偏移保护	59VH/L	
7	高/低端换流器旁通对过负荷保护	50/51BPH/L	
8	高/低端换流器直流过电压保护	59DCH/L	
9	高/低端换流器 100Hz 谐波保护	81－100HzH/L	
10	高/低端换流器电压过应力保护	VSPH/L	置于控制主机中
11	高/低端换流器触发异常保护	VMFH/L	置于控制主机中
12	高/低端换流器晶闸管监视	THMH/L	置于控制主机中
13	高/低端换流器晶闸管结温监视	THOTSH/L	置于控制主机中
14	高/低端换流器大角度监视	HASH/L	置于控制主机中

下面对每一种保护的用途和原理、保护范围或故障、采用的测量量、后备保护情况，需要的配合，以及保护的动作结果进行详细说明。有

$$I_{VY}=\max(I_{VY1a}, I_{VY1b}, I_{VY1c})$$

$$I_{VD}=\max(|I_{VD1a}-I_{VD2b}|, |I_{VD1b}-I_{VD2c}|, |I_{VD1c}-I_{VD2a}|)$$

式中　I_{VY1a}、I_{VY1b}、I_{VY1c}——分别为换流变压器阀星侧三相电流的瞬时值；

I_{VD1a}、I_{VD1b}、I_{VD1c}——分别为换流变压器阀角侧环内首端三相电流的瞬时值；

I_{VD2a}、I_{VD2b}、I_{VD2c}——分别为换流变压器阀角侧环内尾端三相电流的瞬时值。

1. 高/低端换流器阀短路保护

高/低端换流器阀短路保护的缩写为 87SCSH/L，具体内容见表 1－43。

表 1－43　高/低端换流器阀短路保护

保护的故障	高、低端换流器的桥臂短路故障、相间短路故障	87SCSH/L
保护原理	1. 高端换流器 $I_D = \max(I_{DC1P}, I_{DC1N})$ $I_{VYH} - I_D > \max(I_{sc,set}, k_{set} \cdot I_D)$ $I_{VDH} - I_D > \max(I_{sc,set}, k_{set} \cdot I_D)$ 2. 低端换流器 $I_D = \max(I_{DC2P}, I_{DC2N})$ $I_{VYL} - I_D > \max(I_{sc,set}, k_{set} \cdot I_D)$ $I_{VDL} - I_D > \max(I_{sc,set}, k_{set} \cdot I_D)$	
保护段数	1	
保护配合	动作时间要尽快以避免第三只阀导通	
后备保护	换流器过电流保护	
是否依靠通信	否	
被录波的量	差流、制动电流、保护动作	
保护动作后果	换流器退出（换流器层 X 闭锁）； 跳交流断路器； 启动失灵； 锁定交流断路器； 触发录波	

2. 高/低端换流器换相失败保护

高/低端换流器换相失败保护的缩写为 87SCFPH/L，具体内容见表 1－44。

表 1－44　高/低端换流器换相失败保护

保护的故障	换相失败和换流器的触发异常	87SCFPH/L
保护原理	1.高端换流器 $I_D = \max(I_{DC1P}, I_{DC1N})$ $I_D - I_{VYH} > \max(I_{cfp,set}, k_{set} \cdot I_D), K_R \cdot I_D > I_{VYH}$ $I_D - I_{VDH} > \max(I_{cfp,set}, k_{set} \cdot I_D), K_R \cdot I_D > I_{VDH}$ 2. 低端换流器 $I_D = \max(I_{DC2P}, I_{DC2N})$ $I_D - I_{VYL} > \max(I_{cfp,set}, k_{set} \cdot I_D), K_R \cdot I_D > I_{VYL}$ $I_D - I_{VDL} > \max(I_{cfp,set}, k_{set} \cdot I_D), K_R \cdot I_D > I_{VDL}$	
保护段数	2	
保护配合	在交流系统故障最长切除时间后动作，与 50/100Hz 保护配合	
后备保护	50/100Hz 保护	
是否依靠通信	否	
被录波的量	差流、制动电流、保护动作	

续表

保护动作后果	1. Ⅰ段 报警； 增大熄弧角； 请求控制系统切换； 触发录波； 2. Ⅱ段 换流器退出（单桥：换流器层 X 闭锁；双桥：换流器层 Y 闭锁）； 跳交流断路器； 启动失灵； 锁定交流断路器； 触发录波

3. 高/低端换流器差动保护

高/低端换流器差动保护的缩写为 87DCH/L，具体内容见表 1－45。

表 1－45　高/低端换流器差动保护

保护的故障	保护区域内的接地故障	87DCH/L
保护原理	1. 高端换流器 $I_{diff,v}=\|I_{DC1P}-I_{DC1N}\|$ $I_{res,v}=\|I_{DC1P}+I_{DC1N}\|/2$ $I_{diff,v}>\max(I_{v,set}, k_{set}\cdot I_{res,v})$ 2. 低端换流器 $I_{diff,v}=\|I_{DC2P}-I_{DC2N}\|$ $I_{res,v}=\|I_{DC2P}+I_{DC2N}\|/2$ $I_{diff,v}>\max(I_{v,set}, k_{set}\cdot I_{res,v})$	
保护段数	2	
保护配合	与控制系统的调节特性配合	
后备保护	极差保护、直流欠电压保护	
是否依靠通信	否	
被录波的量	差流、制动电流、保护动作	
保护动作后果	极闭锁（极层 X 闭锁）； 跳交流断路器； 启动失灵； 锁定交流断路器； 重启非故障换流器（双阀组运行）； 触发录波	

4. 高/低端换流器过电流保护

高/低端换流器过电流保护的缩写为 50/51H/L，具体内容见表 1－46。

表 1-46　高/低端换流器过电流保护

保护的故障	保护换流阀的短路故障，避免直流系统的过负荷运行	50/51H/L
保护原理	1. 高端换流器 $\max(\lvert I_{VYH}, I_{VDH}, I_{DC1N}) > I_{ovc,set}$ 2. 低端换流器 $\max(\lvert I_{VYL}, I_{VDL}, I_{DC2N}) > I_{ovc,set}$	
保护段数	4	
保护配合	快速段避免在换相失败、直流线路故障时动作； 慢速段与直流系统的过负荷能力配合	
后备保护	控制系统中的过负荷限制	
是否依靠通信	否	
被录波的量	动作电流、保护动作	
保护动作后果	1. Ⅲ、Ⅳ段 换流器退出（换流器层 Y 闭锁）； 跳交流断路器； 启动失灵； 锁定交流断路器； 触发录波； 2. Ⅱ段 请求控制系统切换； 请求降功率至额定； 换流器退出（换流器层 Y 闭锁）； 跳交流断路器； 启动失灵； 锁定交流断路器； 触发录波； 3. Ⅰ段 请求控制系统切换； 请求降功率至额定； 触发录波	

5. 高/低端换流器旁通开关保护

高/低端换流器旁通开关保护的缩写为 PBPH/L，具体内容见表 1-47。

表 1-47　高/低端换流器旁通开关保护

保护的故障	在旁通开关无法断开电流时，保护旁通开关	PBPH/L
保护原理	判据为 $I_{PBH} = \lvert I_{DNC} - I_{DC1N}\rvert$, $I_{PBL} = \lvert I_{DNC} - I_{DC2N}\rvert$ $I_{PBH/L} > I_{PB,set}$ 当以上条件满足，同时开关在“分”位，收到“分”命令，保护动作	
保护段数	1	
保护配合	单换流器运行时，通过电流判断状态，相应保护退出；与开关的时间特性、断流能力配合	
后备保护	控制系统中的联锁功能	

续表

是否依靠通信	否
被录波的量	I_{PB}、开关位置，分命令，保护动作
保护动作后果	闭锁换流器（换流器层 Y 闭锁）； 重合旁通断路器； 锁定旁通断路器； 触发录波

6. 高/低端换流变压器阀侧中性点偏移保护

高/低端换流变压器阀侧中性点偏移保护的缩写为 59VH/L，具体内容见表 1-48。

表 1-48　高/低端换流变压器阀侧中性点偏移保护

保护的故障	未解锁前的阀侧单相接地故障	59VH/L
保护原理	判据为 $\lvert U_{VYa}+U_{VYb}+U_{VYc}\rvert > U_{0,set}$，一相电压降低，两相电压升高； $\lvert U_{VDa}+U_{VDb}+U_{VDc}\rvert > U_{0,set}$，一相电压降低，两相电压升高	
保护段数	1	
保护配合	保护在直流系统运行时需要退出；避免在电压互感器（PT）断线时动作	
后备保护	自身为后备保护	
是否依靠通信	否	
被录波的量	电压、保护动作	
保护动作后果	禁止阀解锁； 跳交流断路器； 锁定交流断路器； 触发录波	

7. 高/低端换流器旁通对过负荷保护

高/低端换流器旁通对过负荷保护的缩写为 50/51BPH/L，具体内容见表 1-49。

表 1-49　高/低端换流器旁通对过负荷保护

保护的故障	为防止换流器长期处于旁通运行状态损耗换流器	50/51BPH/L
保护原理	判据为 (I_{DC1N} 或 I_{DC2N})$>0.07I_{dN}$，同时换流器处于闭锁状态； 无法合上旁通断路器或旁通刀闸，则当晶闸管温度超过定值时，立即闭锁（控制实现）	
保护段数	1	
保护配合	与换流阀过负荷能力配合	
后备保护	晶闸管结温监测	
是否依靠通信	否	

续表

被录波的量	电流、保护动作	
保护动作后果	闭锁换流器（换流器层 Y 闭锁）； 重新发出合旁通断路器开关指令； 发出合旁通刀闸指令； 闭锁极； 触发录波	

8. 高/低端换流器直流过电压保护

高/低端换流器直流过电压保护的缩写为 59DCH/L，具体内容见表 1－50。

表 1－50　　高/低端换流器直流过电压保护

保护的故障	保护整个换流器区的所有设备，避免由于各种原因造成的过电压的危害	59DCH/L
保护原理	1. 高端换流器 $\|U_{DL}-U_{DM}\|>U_{D,set}$ 2. 低端换流器 $\|U_{DM}-U_{DN}\|>U_{D,set}$	
保护段数	2	
保护配合	与一次设备的绝缘配合。受端高低端换流器中间增加 U_{DM} 测点，换流器直流过电压保护与极层直流过电压保护原理基本一致，只是保护的区域不一样，换流器直流过电压保护保护该换流器区域设备，极层直流过电压保护保护整个极层区域设备	
后备保护	控制系统中的电压控制功能	
是否依靠通信	否	
被录波的量	所有电压、保护动作	
保护动作后果	请求控制系统切换； 换流器闭锁（Ⅰ段换流器层 Z 闭锁，Ⅱ段换流器层 X 闭锁）； 跳交流断路器； 启动失灵； 锁定交流断路器； 触发录波	

9. 高/低端换流器 100Hz 谐波保护

高/低端换流器 100Hz 谐波保护的缩写为 81－100HzH/L，具体内容见表 1－51。

表 1－51　　高/低端换流器直流过电压保护

保护的故障	主要保护在交流系统不对称故障无法切除时，作为后备保护	81－100HzH/L
保护原理	高、低端换流器判据为 $I_{DCxN,100Hz}>I_{set}$，$U_{ac}<U_{ac,set}$ 换流器层 100Hz 谐波保护在站 2 使能，根据不同交流系统接入增加了判交流系统电压低信号	
保护段数	2	

续表

保护配合	与交流系统故障切除时间与阀的过应力能力配合。系统小负荷时防止电流断续，大负荷时与设备的谐波过负荷能力相配合。换流器 100Hz 谐波保护比极层 100Hz 谐波保护定值设置相对灵敏，这样无需取消原极层 100Hz 谐波保护，维持原程序逻辑不变
后备保护	本身为后备保护
是否依靠通信	否
被录波的量	$I_{DCxN,100Hz}$、保护动作
保护动作后果	请求控制系统切换； 换流器闭锁（换流器层 Y 闭锁）； 跳交流断路器； 启动失灵； 锁定交流断路器； 触发录波

1.3 古泉换流站的直流控制保护系统配置

1.3.1 总体结构

换流站控制保护系统总体架构包括远方调度控制层、换流站运行人员控制系统层、换流站控制层及现场测控接口（IO 单元）层。

1. 远方调度控制层

远方调度控制层与远方调度/监视中心通信的接口装置实现换流站与国调中心、国调备调、各网省调等远方调度通信中心的通信接口，主要包括远动工作站、告警图形网关工作站、计划工作站、检修工作站、远动 LAN 网相关设备等。

2. 换流站运行人员控制系统层

换流站运行人员控制系统主要包括站 LAN 网、运行人员工作站、阀冷却控制室工作站、工程师工作站、站长工作站、SER 终端、服务器等。该子系统是换流站正常运行时运行人员的主人机界面和站监控数据采集系统的重要部分。

本工程中，两站对应的管理处各配置一套远程监视系统，采用站 LAN 网延伸模式，具备对各自换流站的远程监视功能。另外，运维单位本部配置一套远程诊断系统，实现对换流站的远程诊断功能，采用 KVM 模式。

3. 换流站控制层

换流站控制层设备包含：① 站层控制保护设备；② 极层控制保护设备；③ 换流器层控制保护设备。

4. 现场测控接口（IO 单元）层

现场测控接口（IO 单元）层的作用是采集数据，执行控制层指令，完成对应设备的操作控制。

1.3.2 直流控制保护分层

1. 原则要求

昌吉—古泉特高压直流工程每极采用双 12 脉动换流器串联结构，为提高直流系统的可靠性和可用率，PCS－9550 特高压直流控制保护系统的分层设计满足以下原则要求。

（1）控制保护以每个 12 脉动换流器单元为基本单元进行配置，各 12 脉动换流器单元的控制功能的实现和保护配置相互独立，以利于可以单独退出单 12 脉动换流器单元而不影响其他设备的正常运行；同时各 12 脉动控制和保护系统间的物理连接尽量简化。

（2）控制保护系统单一元件的故障不能导致直流系统中任何 12 脉动换流器单元退出运行。

（3）在极控制单元故障时，12 脉动控制单元仍然能维持直流系统的当前运行状态继续运行，但在本工程中由于调度要求，在极控主机两套都失去时，闭锁本极。

（4）任何一极/换流单元的电路故障及测量装置故障，不会通过换流单元间信号交换接口、与其他控制层次的信号交换接口，以及装置电源而影响到另一极或本极另一换流单元。当一个极/换流单元的装置检修（含退出运行、检修和再投入 3 个阶段）时，不会对继续运行的另一极或本极另一换流单元的运行方式产生任何限制，也不会导致另一极或本极另一换流单元任何控制模式或功能的失效，更不会引起另一极或本极另一换流单元的停运。

2. 系统分层和功能配置方案

依据 IEC 60633：1998 对直流控制系统的分层结构的定义，换流站内的控制系统按功能分为双极控制层、极控制层和换流器控制层等 3 个层次。本工程系统分层和功能配置方案概括如下。

（1）双极层控制与极层控制系统一体设计，不设置独立的双极控制主机，将无功控制等双极层功能配置在两极的极控主机 PCP 中实现。

（2）双极/极控制主机 PCP 与换流器控制主机 CCP 间主要传递电流指令和控制信号。对直流电流、直流电压、熄弧角等的闭环控制，以及换流器的解、闭锁等功能，布置在换流器控制主机 CCP 里。

（3）与直流控制分层相对应，直流保护的分层如图 1－30 所示。

1）每个换流器有独立的保护主机，完成本换流器的所有保护功能（含换流变压器电气量保护），另由独立的极保护主机完成极、双极部分保护功能（含直流滤波器保护）。

2）IO 单元按换流器配置，当某一换流器退出运行，只需将对应的保护主机和 IO 设备操作至检修状态，就可以针对该换流器做任何操作，而不会对系统运行产生任何影响。

3）双极保护设置在极一层，无需独立设置。这遵循了高一层次的功能尽量下放到低一层次的设备中实现的原则，提高系统的可靠性，不会因双极保护设备故障时而同时影响两个极的运行。

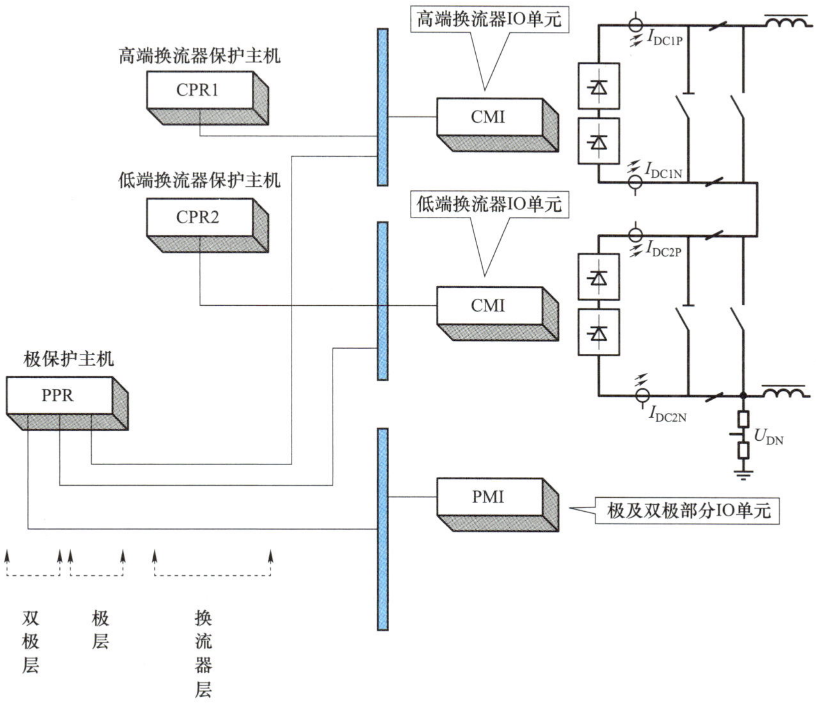

图 1-30 保护系统的分层

1.3.3 站层控制保护设备配置

1. 交流场测控 ACC 屏

交流场控制功能由 ACC 屏柜实现，一套 ACC 屏柜可以实现对一个 500kV/750kV/1000kV 完整间隔的监控功能，由两个前后开门的独立单柜组成。ACC 全部采用冗余配置，每个交流串需配置两套共 4 面屏。

在交流场控制上主要实现：① 所有交流断路器、隔离开关的监视和控制联锁；② 交流电流电压的测量；③ 与保护、故障录波器等的接口；④ 与交流场设备（包括断路器、隔离开关、测量设备）的接口。

典型 ACC 屏柜的配置情况如图 1-31 所示。

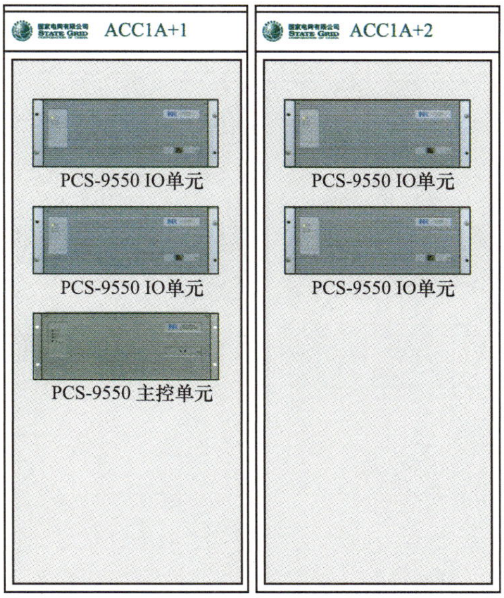

图 1-31 典型 ACC 屏柜的配置情况

2. 主变测控 ATC 屏

交流场主变压器及其低压侧设备的监视与控制功能由 ATC 屏柜实现，一套 ATC 屏柜可以实现对一个主变压器的监控功能，为前后开门的独立单柜，冗余配置共 2 面屏。

昌吉换流站配置 1 套冗余的 ATC 屏，负责主变及其低压侧设备的监控功能。同时，昌吉站主变低压侧 66kV 设备配置有接口屏 ACT，通过光纤连接到 ATC 屏。

典型 ATC 屏柜的配置情况如图 1－32 所示。

3. 交流场接口 ACT 屏

昌吉换流站配置 1 套冗余的 ACT 接口屏，共 2 面屏，负责 66kV 设备的监控接口信号。典型 ACT 屏柜的配置情况如图 1－33 所示。

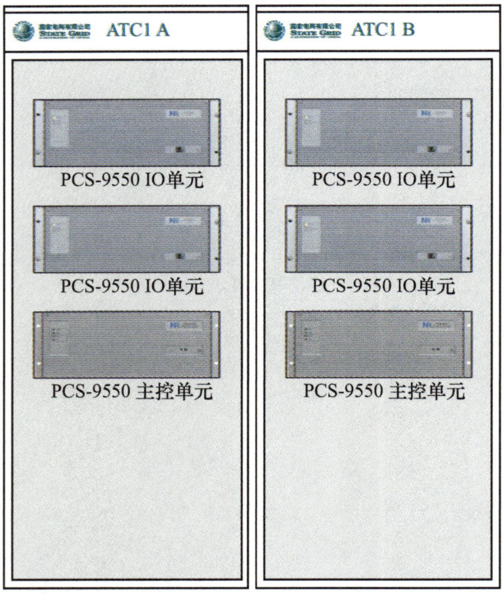

图 1－32　典型 ATC 屏柜的配置情况

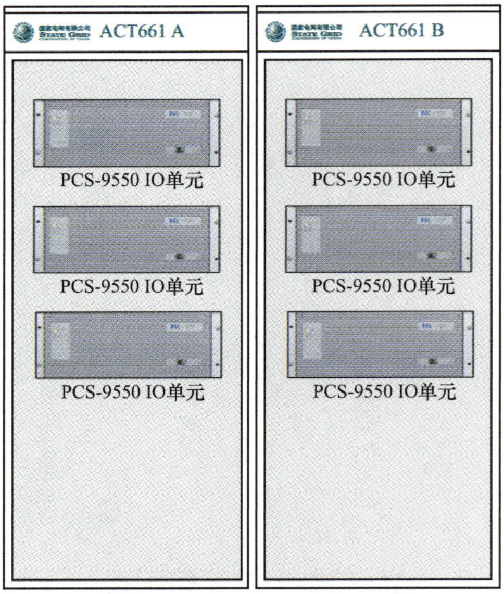

图 1－33　典型 ACT 屏柜的配置情况

4. 交流滤波器场测控 AFC 屏

交流滤波器场的控制功能由 AFC 屏柜实现，一套 AFC 屏柜可以实现对一个大组交流滤波器的接口。其中昌吉站 750kV 和古泉站 500kV 交流滤波器场的 AFC 屏柜由两个前后开门的独立单柜组成；古泉站 1000kV 交流滤波器场的 AFC 屏柜由 3 个前后开门的独立单柜组成。AFC 全部采用冗余配置，昌吉站 750kV 和古泉站 500kV 交流滤波器场每个大组滤波器需配置两套共 4 面屏，古泉站 1000kV 交流滤波器场每个大组滤波器需配置两套共 6 面屏。

在交流滤波器场控制上主要实现：① 所有交流断路器、隔离开关的监视和控制联锁；② 交流电流电压的测量；③ 与保护、故障录波器等的接口连接；④ 与交流场设备（包括断路器、隔离开关、测量设备等）的接口连接。

典型 AFC 屏柜的配置情况如图 1－34 所示。

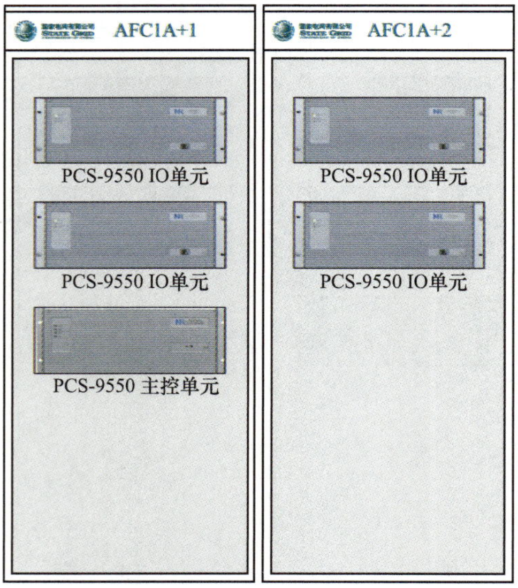

图 1－34　典型 AFC 屏柜的配置情况

5. 交流滤波器保护 AFP 屏和操作箱屏 AFI

交流滤波器保护按大组配置，每个交流滤波器大组配保护 2 套，每套包含母线保护和交流滤波器保护功能，单柜设计（含一台保护单元）。故每大组共计 2 面屏柜提供完全双重化的保护。

此外每大组滤波器还需要单独配置操作箱屏，实现与交流滤波器小组断路器的控制接口。包含 4 个小组滤波器的大组需要 2 面操作箱屏，包含 5 个和 6 个小组滤波器的大组需要 3 面操作箱屏。

6. 辅助系统控制主机 ASC 屏和接口 ASI 屏（交流部分）

辅助系统由 ASC 屏和 ASI 屏组成，如图 1－35 所示。

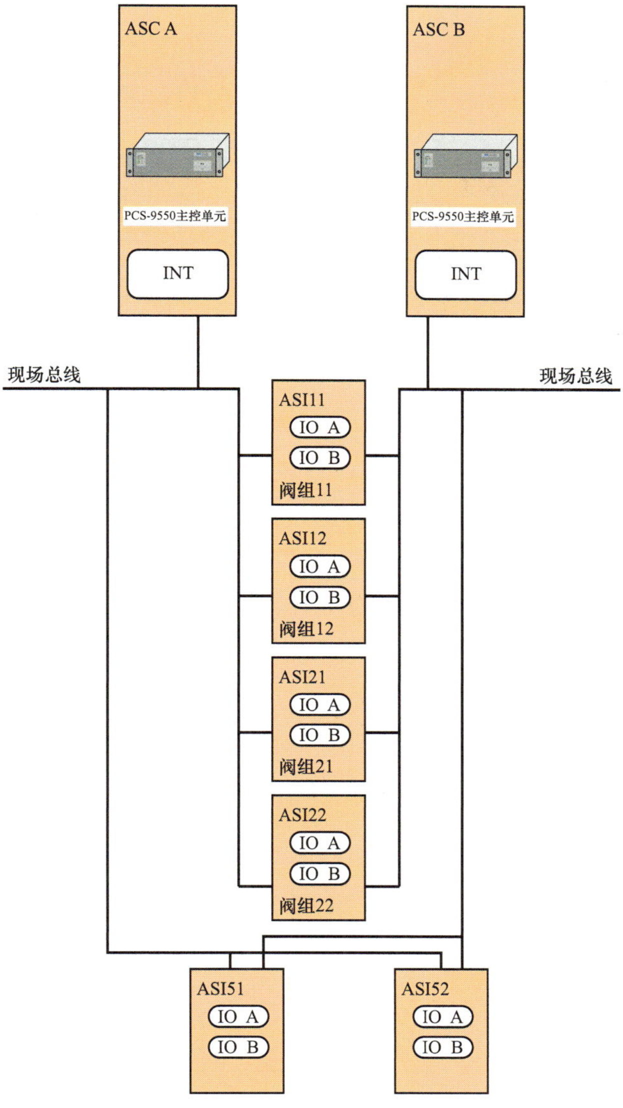

图 1－35 辅助系统控制组成

以通信方式接入的各辅助系统信号，接至辅助系统规约转换屏。

（1）ASC 屏。ASC 屏为辅助系统控制主机屏，主要实现与主控楼内需以电气信号（空接点、模拟量等）接入的辅助系统接口，采用前后开门单柜设计。每站 2 面屏。ASC 屏配置如图 1－36 所示。

（2）ASI 屏。ASI 屏为辅助系统接口屏。分布于交流小室的 ASI 接入交流场辅助信号，每个交流小室配置一套，冗余 A/B 系统共组一面屏。ASI 屏配置如图 1－37 所示。

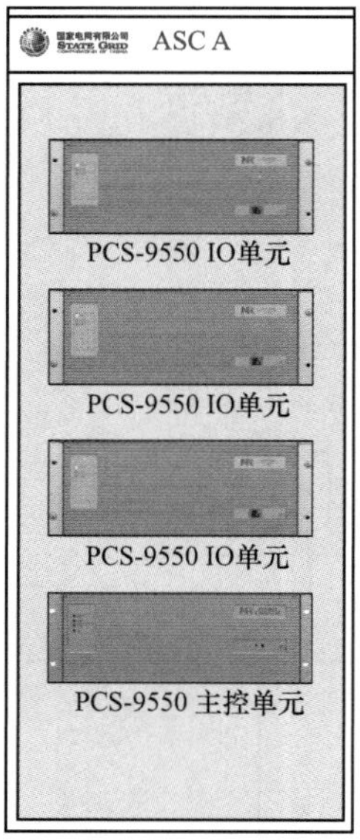

图 1－36　ASC 屏配置

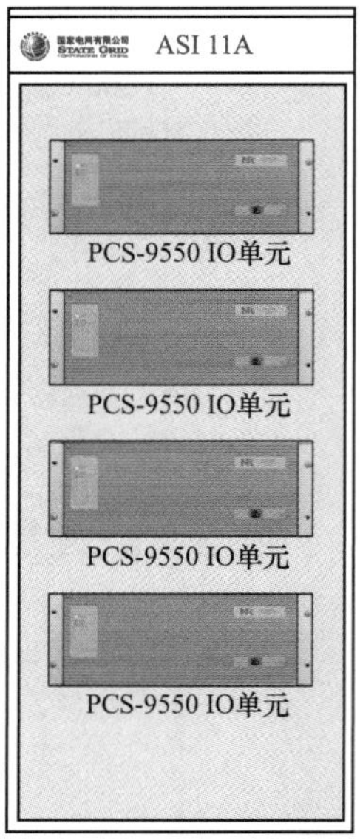

图 1－37　ASI 屏配置

7. 站用电控制主机 SPC 屏和接口 SPT 屏

SPC 屏与 SPT 屏均为冗余配置，负责站用电系统控制和监视。

站用电控制系统组成如图 1－38 所示。

（1）SPC 屏。站用电控制主机 SPC 屏配有主控单元，实现站用电系统的控制与监视，采用前后开门单柜设计，冗余系统共 2 面屏，可放置于站及双极控制设备室，也可放置于任意交流小室中。SPC 屏柜配置如图 1－39 所示。

（2）SPT 屏。SPT 屏为站用电接口屏，通过光纤接入站用电控制主机 SPC 屏柜，采用前后开门单柜设计，冗余配置，昌吉站配置 4 面屏，古泉站配置 8 面屏（含 500kV 站变测控接口）。SPT 屏柜配置如图 1－40 所示。

8. 谐波监视 OHM 屏

谐波监视屏柜配置一台谐波监视主机和相关 IO 接口，谐波监视主机不单独采集数据，和其他控制主机通过总线共享数据。该屏柜主要实现各谐波监测点的测量、监视和分析。每站配置 1 面屏。

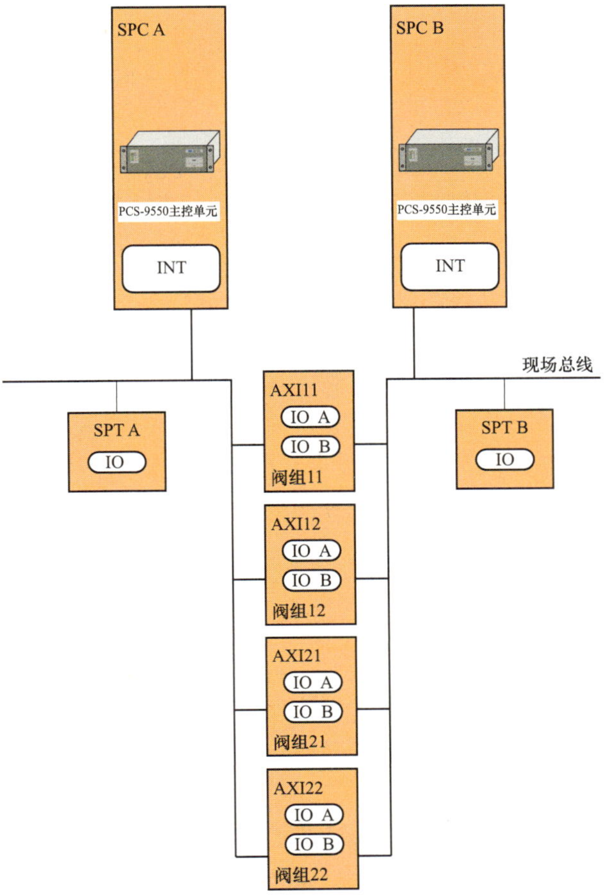

图1-38 站用电控制系统组成

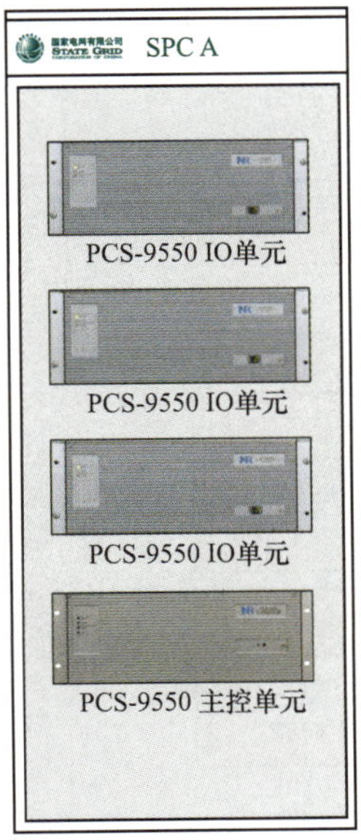

图1-39 SPC 屏柜配置

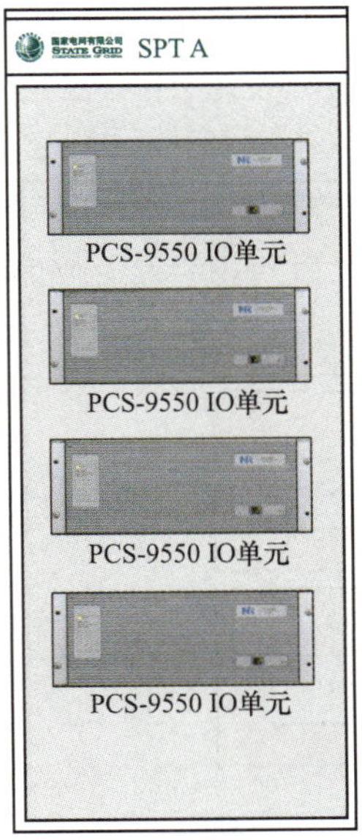

图1-40 SPT 屏柜配置

9. 接地极线路故障监测 ELFL 屏

接地极线路故障监测 ELFL 屏实现接地极线路阻抗监视及故障定位等功能。每站配置 1 面屏。

10. 站层及交流小室通信接口 COM 屏

该屏柜是各级 LAN 网的通信接口，双重化冗余配置，分布于每个交流小室和双极辅助小室中。另外，本工程昌吉站还配置了 1 面交流站通信 COM 屏，用于昌吉站 2 台交流变电站运行人员工作站与五彩湾站监控系统的通信。

交流小室通信屏内另配有辅助系统规约转换器 PCS－9794A，能提供多路双重化的串口和网络接口，用于与辅助系统串口或网络通信接口。

11. 就地控制 ALC 屏（交流部分）

该屏柜是交流小室就地控制屏柜，每小室配置一面。柜内配置工控机、交换机、液晶显示器及鼠标键盘，通过就地 LAN 网与本小室内的主控单元连接。

1.3.4 极层控制保护设备配置

极层控制保护屏柜配置如图 1－41 所示。

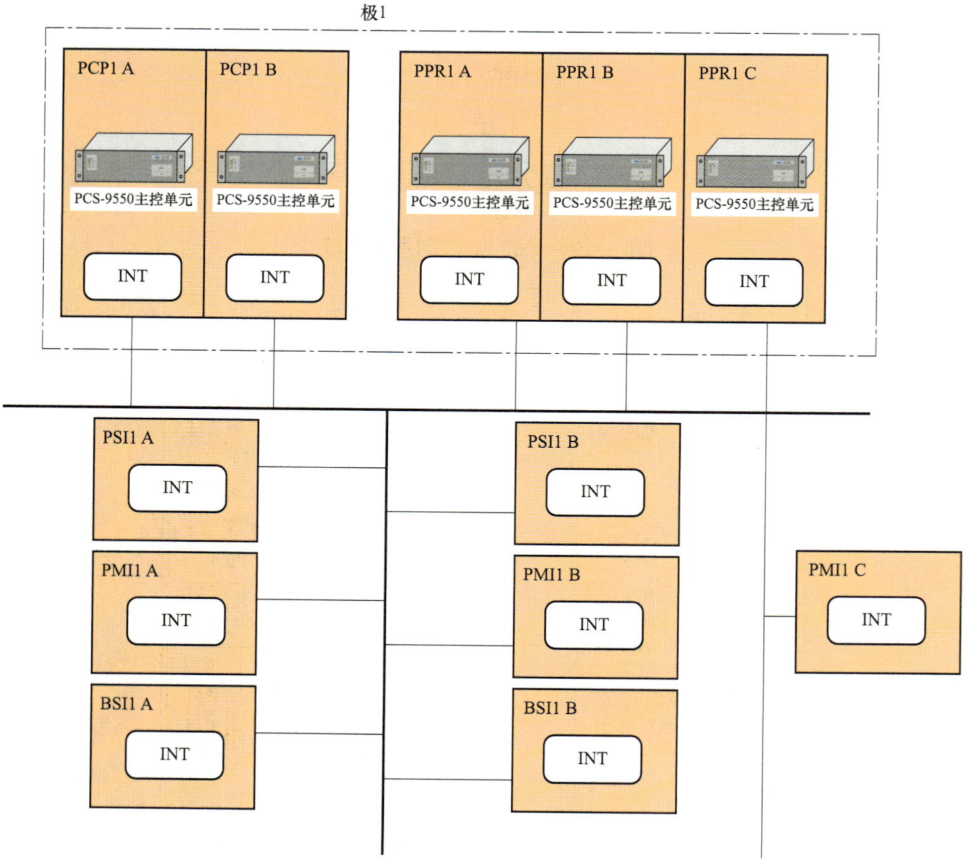

图 1－41 极层控制保护屏柜配置

极层控制保护设备主要包括极控制主机 PCP 屏、极保护主机 PPR 屏、极开关场接口 PSI 屏、极测量接口 PMI 屏、本极双极区开关场接口 BSI 屏、站间通信接口 TCOM 屏、直流线路故障定位 LFL 屏、就地控制 DLC 屏。

1. 极控制主机 PCP 屏

每极配置冗余的极控制主机屏柜 2 面，两极完全独立，每个换流站共 4 面屏。PCP 屏配置如图 1－42 所示。

2. 极保护主机 PPR 屏

每极配置极保护主机屏柜 3 面，采用三重化配置。每个换流站共 6 面屏。PPR 屏配置如图 1－43 所示。

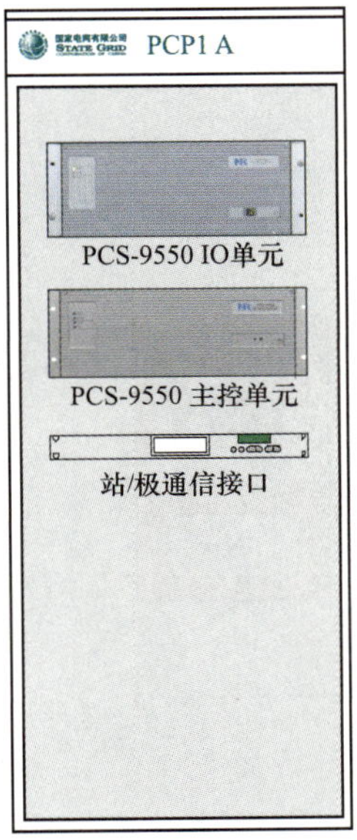

图 1－42 PCP 屏配置

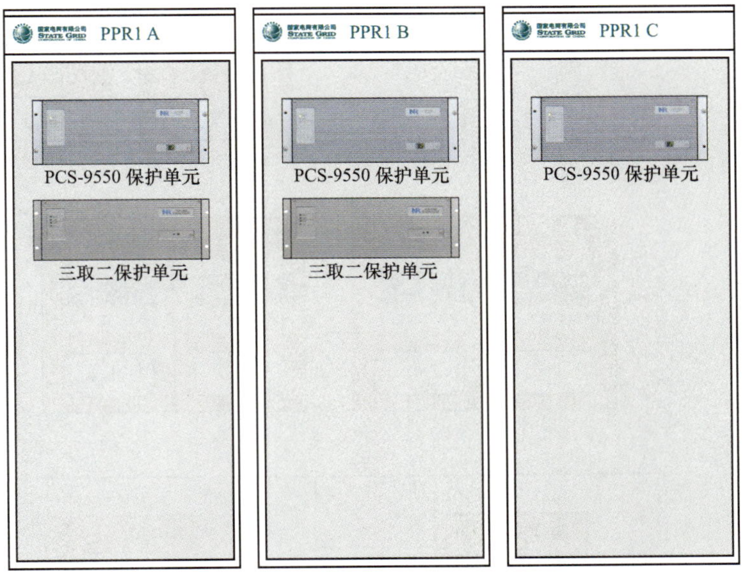

图 1－43 PPR 屏配置

3. 极开关场接口 PSI 屏

极开关场接口 PSI 屏为本极直流场开关量信号及控制接口，每极 2 面屏，双重化配置，每站共 4 面屏。

4. 极测量接口 PMI 屏

极测量接口 PMI 屏为本极直流场测量信号接口以及保护用开关量信号，每极 3 面屏，三重化配置。每站共 6 面屏。

5. 本极双极区开关场接口 BSI 屏

本极双极区开关场接口 BSI 屏为双极直流场区域开关量信号及控制接口，极Ⅰ与极Ⅱ完全独立配置，分别接入各极的极控制主机屏柜，每极 2 面屏，双重化配置。每站共 4 面屏。

6. 站间通信接口 TCOM 屏

站间通信接口 TCOM 屏主要配置 MUX 设备，用于控制保护设备与站间通信设备的连接，为每站配置站间通信接口屏 1 面。

7. 直流线路故障定位 LFL 屏

为每站配置直流线路故障定位 LFL 屏 2 面，即双重化配置。

8. 就地控制 DLC 屏

就地控制 DLC 屏主要配置就地控制工控机、交换机和显示器，通过就地 LAN 网与相关控制主机连接，用于实现直流系统就地控制。

直流就地控制屏柜按极配置，每站 2 面，柜内配置工控机、交换机、液晶显示器及鼠标键盘，通过就地 LAN 网与本小室内的主控单元连接。

1.3.5 换流器层控制保护设备配置

阀组层控制保护屏柜配置如图 1-44 所示。

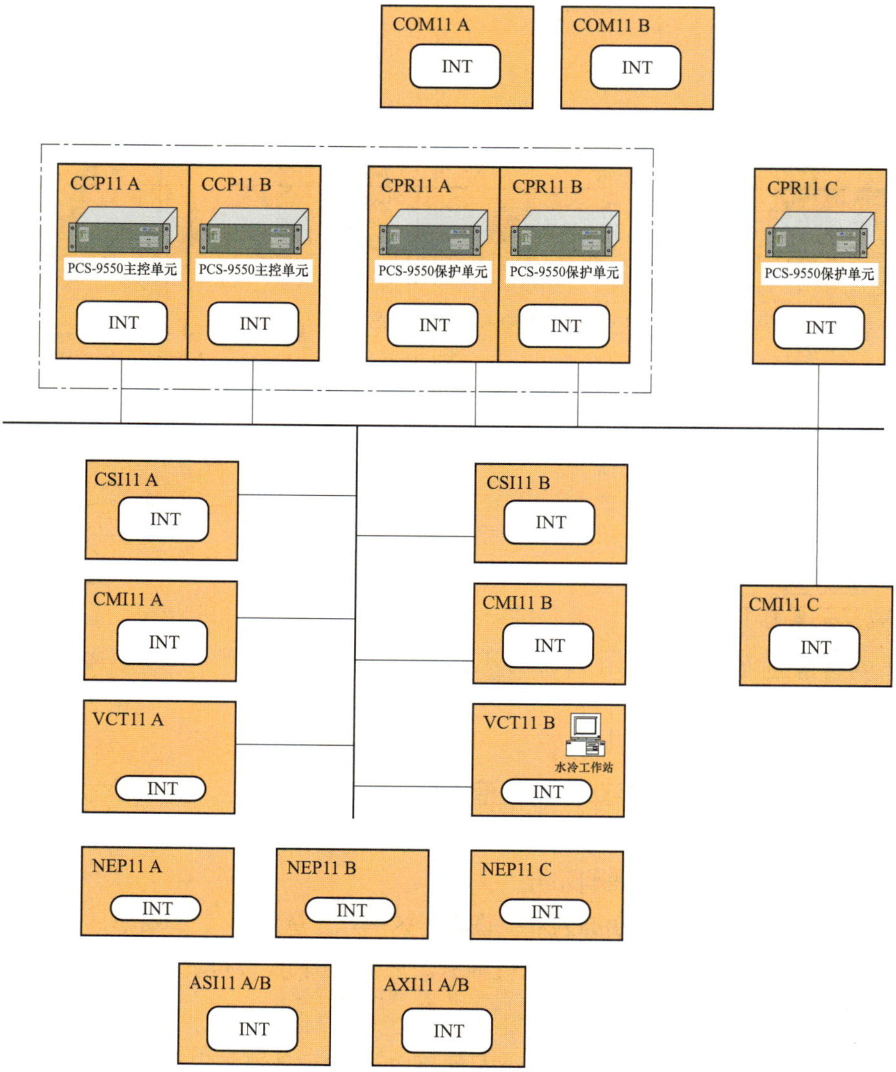

图 1-44 阀组层控制保护屏柜配置

换流器层控制保护设备主要包括换流器控制主机 CCP 屏、换流器保护主机 CPR 屏、换流器开关接口 CSI 屏、换流器测量接口 CMI 屏、换流变压器非电量接口 NEP 屏、换流器阀冷却接口 VCT 屏、换流器辅助系统接口 ASI 屏（直流部分）、换流器辅助电源接口 AXI 屏、换流器通信接口 COM 屏。

1. 换流器控制主机 CCP 屏

每个换流器配置换流器控制主机 CCP 屏 2 面，每站共 8 面。换流器控制主机 CCP 屏配置如图 1－45 所示。

2. 换流器保护主机 CPR 屏

每个换流器配置换流器保护主机 CPR 屏 3 面，三重化配置。在其中 A、B 保护屏中配置独立的三取二装置，由独立空气断路器供电。每站共 12 面。换流器保护主机 CPR 屏配置如图 1－46 所示。

图 1－45 换流器控制主机 CCP 屏配置

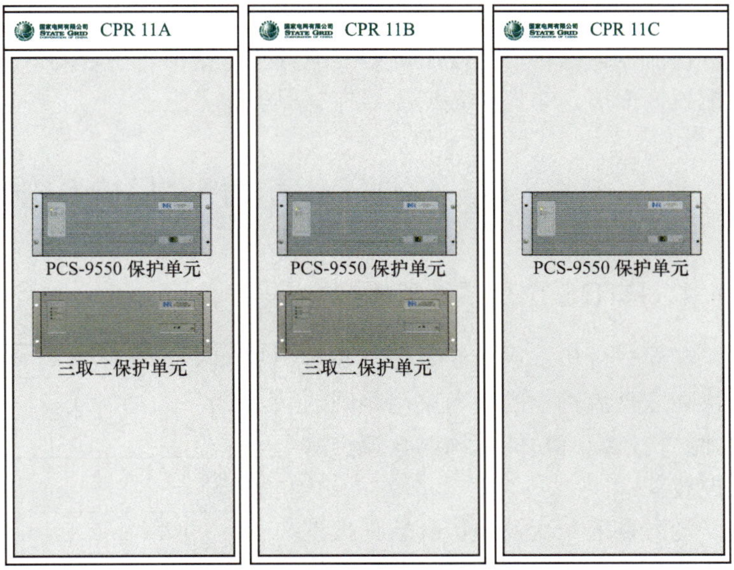

图 1－46 换流器保护主机 CPR 屏配置

3. 换流器开关接口 CSI 屏

换流器开关接口 CSI 屏为换流器开关量信号接口。每换流器冗余配置 4 面屏。

4. 换流器测量接口 CMI 屏

换流器测量接口 CMI 屏主要采集换流器层模拟量测量信号及保护用开关量信号，每换流器 3 面屏，三重化配置，每站共 12 面。

5. 换流变压器非电量接口 NEP 屏

换流变压器非电量接口 NEP 屏主要采集换流变压器非电量保护开关量信号，每换流器 3 面屏，三重化配置，每站共 12 面。

6. 换流器阀冷却接口 VCT 屏

换流器阀冷却接口 VCT 屏为阀冷接口，每换流器 2 面屏，双重化配置，每站共 8 面。屏柜中也安放冷却控制工作站及其显示器、键鼠，其接口形式可以满足水冷控制保护的节点或通信接口要求。

7. 换流器辅助系统接口 ASI 屏（直流部分）

换流器辅助系统接口 ASI 屏（直流部分）为每个换流器配置一套冗余的辅助系统接口 ASI 屏（A/B 系统共组一面屏），4 个换流器，共计 4 面 ASI 屏。

ASI 屏监视和控制统一接入辅助系统控制 ASC 屏。

8. 换流器辅助电源接口 AXI 屏

换流器辅助电源接口 AXI 屏为每个换流器配置一套冗余的辅助电源接口（A/B 系统共组一面屏），每站共 4 面屏。

AXI 屏监视和控制统一接入站用电控制 SPC 屏。

9. 换流器通信接口 COM 屏

换流器通信接口 COM 屏主要配置通信接口，每套均双重化配置。每站 4 个换流器共配置 8 面屏，布置于各换流器控制保护设备室。

1.4 实训平台直流控制保护系统的配置

1.4.1 RTDS 仿真系统整体结构

实训平台仿真系统实验装置与吉泉特高压直流输电的设备采用相同的硬件结构，配有功能相同的直流控制保护装置。

电力系统一次设备仿真软件模型用于模拟交流等值系统、交流滤波器、换流变压器、晶闸管换流器、平波电抗器、直流滤波器、直流线路和接地极线路以及断路器、隔离开关等所有一次设备，以及交、直流系统中可能发生的各种故障。实时数字仿真系统通过 IO 设备以及硬接线与控制保护仿真系统屏柜进行连接，并形成闭环测试系统，一次设备仿真结构如图 1－47 所示。

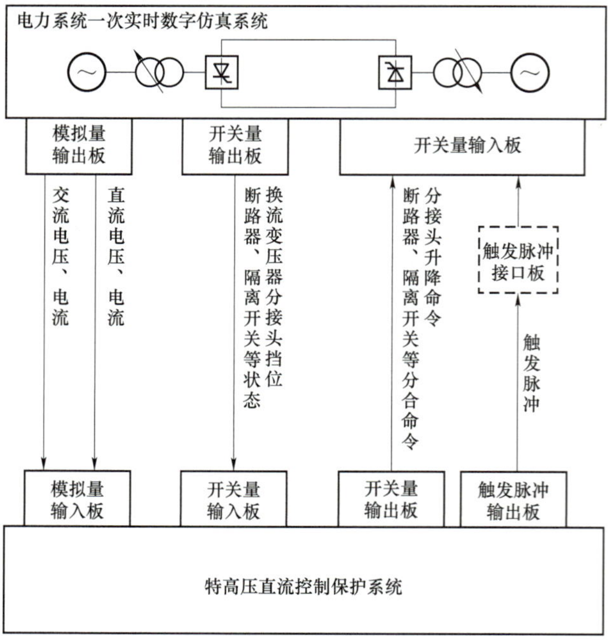

图 1－47　一次设备仿真结构

仿真系统采用与吉泉特高压直流

工程相同的硬件结构及软件功能。配置两台运行人员工作站，用于实现两站程序的编译、界面的操作显示，以及文件服务器相关功能，配置 1 台 RTDS 工作站，用于一次仿真模型的编写、管理和界面的操作显示功能。

控制保护仿真系统硬件采用单重化设计，仅特定主机配置冗余。设备配置范围包括极控制主机 PCP、高低压阀组控制主机 CCP、极保护主机 PPR、高低压阀组保护主机 CPR、光纤 IO 接口单元、现场总线、运行人员工作站、时钟系统、站 LAN 网、单屏测试系统等，可以实现对两端双极特高压直流输电系统的控制保护仿真。控制保护仿真系统整体结构如图 1－48 所示。

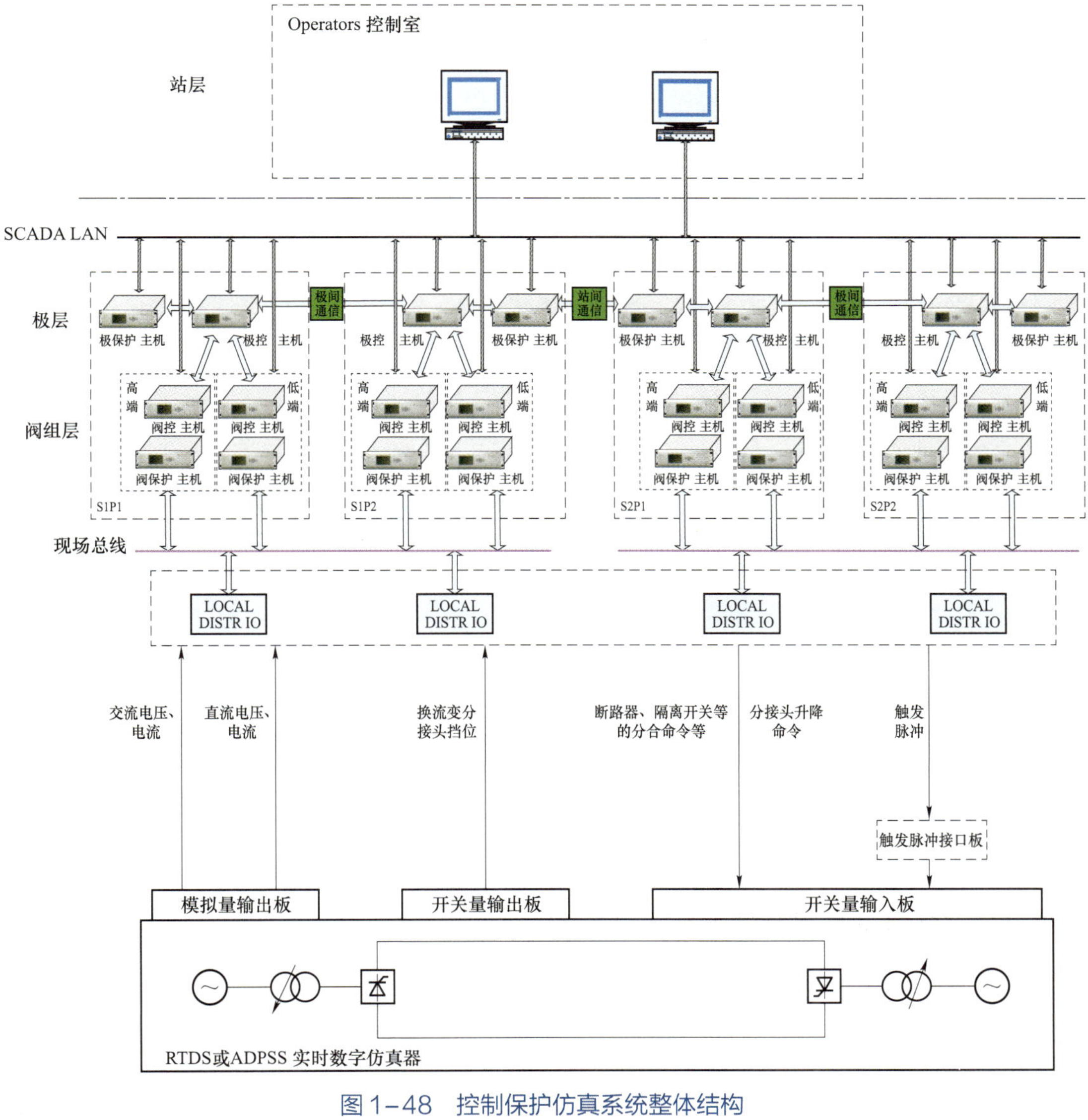

图 1－48 控制保护仿真系统整体结构

直流控制保护系统整体设计 13 面屏柜，包括：① 4 面控制屏，每站每极各 1 面；② 5

面保护屏，每站每极各 1 面，还有一面为 PPR 的冗余配置；③ 2 面 IO 屏，每站 1 面；④ 时钟同步柜；⑤ 单屏测试系统柜。

极Ⅰ屏柜和极Ⅱ屏柜分别如图 1－49 和图 1－50 所示。

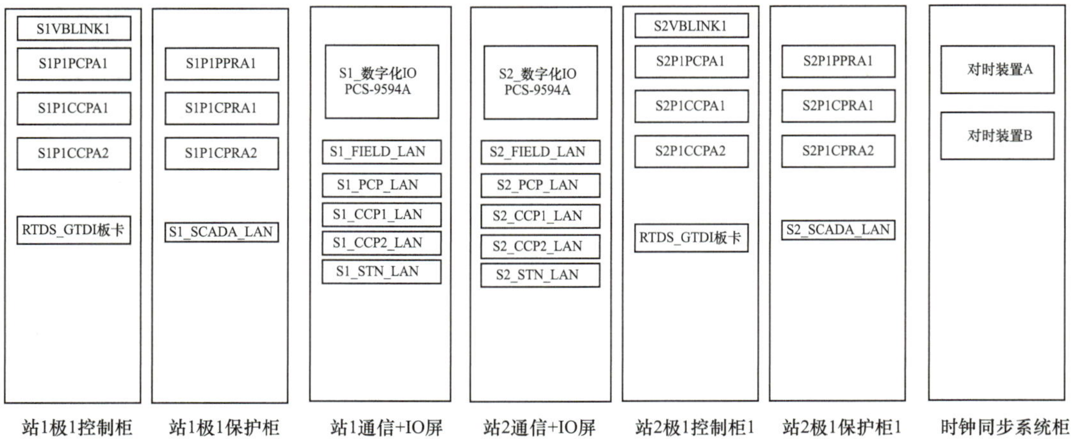

图 1－49　极Ⅰ屏柜

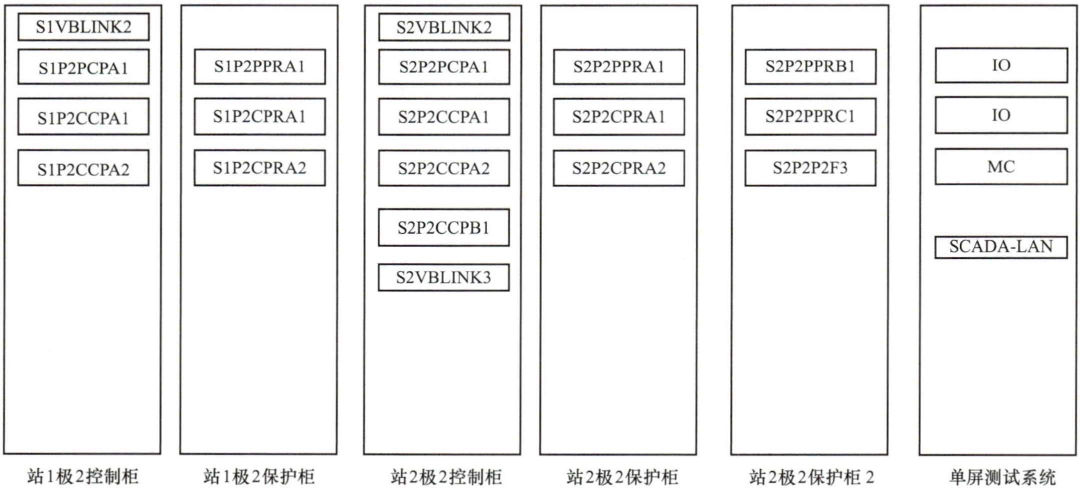

图 1－50　极Ⅱ屏柜

1.4.2　单屏测试系统整体结构

一套测试系统规划屏柜一面，配置 IO 机箱两层，控制保护主机机箱一层。IO 机箱常用板卡各配置 1～2 块，通过十芯线及光跳线与控制保护主机相连，并完成相关的开入开出及模拟量测试功能，电源插件使用 NR1301N，适用于试验室交直流电源，交换机使用 PCS－9882－AD－D，主要用于与后台及其他调试设备组网连接。配置专用工作站一台。

1. 主机配置

主机配置如图 1－51 所示。装置电源采用双电源供电。配置 NR1117C 和 NR1192C 两块 DSP 插件，负责接收 IO 机箱上 NR1130 送出的模拟量数据，并计算处理后上送后台监控系统；配置 NR1118F 插件为主要逻辑的处理板卡，负责 IO 机箱相关开关量的处理及主要控制逻辑的计算；配置 NR1521E 和 NR1522A－L，负责部分开关量信号的输入及输出。

0	1	2	3	4	5	6	7	8	9	10	11	12	13	14	15
1301N	1107C		1117C		1192C			1118F			1521E		1522A-L	1301N	

-H3 MC

图 1－51 主机配置

各类配置在主机中的插件均使用目前直流工程常用的板卡类型，主机程序也根据本项目需要，综合考虑现场控制及保护主机使用的插件范围进行定制开发。

2. IO 机箱配置

IO 机箱配置如图 1－52 所示，同样采用双电源供电。其中的 NR1201B 和 NR1136D 分别是 CAN 以及 ETH 总线通信使用，本项目同时配置了以上两种 Field LAN 的通信方式，可以在监控系统上根据实际需求进行切换。NR1130A 及 NR1130B 板卡各配置一块，配套的 NR1401 及 NR1415 系列板卡在实际工程中用于采集各类交直流电压及电流量，NR1425BL 用于采集 4～20mA 小电流信号。NR1530E、NR1520A 和 NR1504AL 是主要的开关量输入输出板卡。

3. 开关量设计

（1）断路器及隔离开关（刀闸）。断路器及刀闸使用 51n 和 52n 模拟刀闸装置来进行仿真，测试系统中设计接入整流侧极 I 高端阀组的换流变压器进线断路器 ACB 三相，以及极 I 高端（低端）阀组旁通断路器 BPSV1（V2）、旁通刀闸 BPIV1（V2）、阴极刀闸 CIV1（V2）和阳极刀闸 AIV1（V2），极区的极母线刀闸 P1.WP.Q17、NBS 断路器 P1.WP.Q1、中性母线刀闸 WN.Q11 和 WN.Q13。

模拟刀闸装置 51n 和 52n 接收下发的开关刀闸分合指令，并返回对应开关刀闸的分合位置，同时模拟刀闸装置上可以直接进行分合操作，等同于实际工程的现场一次设备。

6I6U-1A02

0	1	2	3	4	5	6	7	8	9	10	11	12	13	14	15
1301N	1201B	1136D		1130A	1401			1530E	1520A	1520A	1504AL	1504AL	1520A	1301N	

–H1 IO

0	1	2	3	4	5	6	7	8	9	10	11	12	13	14	15
1301N	1201B			1130B	1415XP	1415FL	1415AL	1415BL		1425BL			1424B	1301N	

–H2 IO

图 1–52 IO 机箱配置

（2）主变压器。主变压器的开关量主要是变压器的挡位。由于单屏系统限制，没有模拟实际变压器挡位的设备，故采用主机程序来模拟实际变压器设的挡位操作机构，主机下发的升降挡指令通过外回路返回主机后，程序模拟出挡位的变化并输出 BCD 码，再次通过外回路回到主机，由开入板卡采集挡位 BCD 码。因此，变压器的实际挡位以及控保主机采集到的挡位均在主机程序中体现。

（3）主循环泵。主循环泵的开关量主要是循环泵的起停和切换。由于单屏系统限制，没有模拟实际主循环泵工作状态的设备，故采用主机程序来模拟实际主循环泵的工作状态，主机下发的起停或切换指令通过外回路返回主机后，程序模拟出主循环泵的工作状态变化并输出当前运行状态，再次通过外回路回到主机，由开入板卡采集运行状态。因此，主泵的实际运行状态以及控保主机采集到的状态均在主机程序中体现。

（4）保护跳闸。主机程序模拟类似于实际工程的三取二主机跳闸出口开出方式，开出的跳闸信号通过外回路回到主机，并由主机程序执行后续动作。

4. 模拟量设计

（1）直流运行值。本系统主要模拟了整流侧极Ⅰ的直流运行值，包括 U_{DL}、U_{DN}、I_{DNC}、I_{DNE}，上述测点值均由主机程序计算出对应的二次数值，并由 NR1424B 输出，通过采样插件完成采样，主机 DSP 插件计算后上送后台监控系统。

（2）变压器温度。本系统主要模拟变压器的油温及绕温，相关测点值均由主机程序计算出对应的二次数值，并由 NR1424B 输出，通过采样插件完成采样，主机 CPU 接收数据后完成转换并上送后台监控系统。

（3）24V 电源监视。24V 电源监视所需电源引自屏柜内电源板卡的输出，主要是模拟实际工程中零磁通电流互感器（CT）的电源监视方式，本系统通过开关量的遥控引出 24V 电源，并由采样插件采集后计算实际值并上送后台监控系统

1.5 直流运维人员控制界面（OWS）介绍

1.5.1 软件结构

PCS－9700 直流监控系统的软件采用模块式结构，便于修改和维护。监控系统的软件主要分为系统软件和应用软件两大部分，系统软件以中间件为系统集成框架，采用开放式体系结构，可分为操作系统层、支撑平台层及应用层共 3 个层次 PCS－9700 直流监控系统架构如图 1－53 所示。

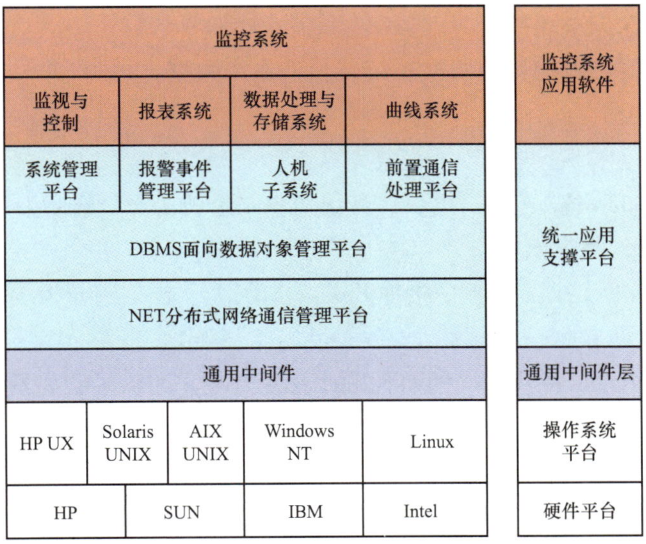

图 1－53　PCS－9700 直流监控系统架构

操作系统采用国内主流的、成熟的实时多任务操作系统。PCS－9700 直流监控系统服务器的操作系统采用符合 POSIX 和 OSF 标准的凝思操作系统，运行人员工作站及其他工作站采用 Windows 7 操作系统。

支撑平台是整个监控系统体系结构的核心，一般情况可将其分类为集成总线层、数据总线层及公共服务层3层，集成总线层提供各公共服务元素、各应用系统以及第三方软件之间规范化的交互机制，数据总线层为它们提供适当的数据访问服务，公共服务层为各应用系统实现其应用功能提供各种服务，比如图形界面、告警服务、网络管理监视等。

应用层主要完成各种监控应用，如对于换流站监控主要包括实时监视、异常报警、控制操作、统计计算、报表打印等。所有应用软件均采用模块化结构，具有良好的实时响应速度和可扩充性。具有出错检测能力。当某个应用软件出错时，除有错误信息提示外，不影响其他软件的正常运行。所有应用软件运行在统一的支撑软件平台上，具有较好的统一风格的数据库及人机界面，并能够共享公共电力系统模型及数据库。

1.5.2 主要功能模块

1. 数据采集

数据采集功能模块（或称前置模块）处理与控制保护主机、规约转换装置等的连接和通信，完成各种数据源、各种数据类型的采集。前置模块接收控制保护主机、规约转换装置等上传的状态量、模拟量信号以及事件信息或SOE信息并分发到SCADA服务器上的数据处理模块，同时接收各SCADA节点（服务器或工作站）发出的控制指令并下发至相应的控制保护主机。

（1）数据源。

1）直流控制保护系统数据。

2）规约转换器接入的其他二次系统或辅助系统数据。

3）对站的监控数据。

（2）数据类型。

1）模拟量。如频率、电压、电流、有功功率、无功功率、分接头挡位、温度、水位、流量、压力、电平、整定值等。

2）状态量。如断路器、刀闸、接地开关，直流运行方式、保护动作信号，装置状态、运行监视信号等。

3）事件顺序记录。特殊定义的事件顺序记录数据，如除了状态及时标之外，可同时携带一些值参数及其他必要的辅助信息。

4）脉冲量。

a. 带时标的电能量数据：包括有功电能量和无功电能量数据，并能实现带时标连续采集和分时累加等功能。

b. 通过辅助系统接口设备采集水冷系统、消防系统、火灾报警系统的信号。

2. 数据处理

数据处理模块（或称 SCADA 模块）通过共享管道与前置模块通信，主要负责各类数据的处理，并将处理结果更新到数据库中。

对于冗余控制系统的冗余信号，将接收来自运行系统和备用系统的信号并采用多源数据的方式进行处理。多源数据是指对于实时数据库中的某一数据点拥有多个数据来源，主要是指某一冗余控制装置的同一测点。

对于双重化且具有主备状态的交直流控制系统或装置的数据和控制功能，人机界面中相关的冗余信号显示来自运行系统的信息，当运行系统切换时显示信号随之切换，控制命令只发送到相应的运行系统。对于双极区的数据和控制功能，将采用来自控制极（或称主导极）所在运行系统的数据且控制命令只发送到控制极所在的运行系统。

同一测点的多源数据在满足合理性校验后按照人工定义的优先级存放（优先级的次序可灵活设置）。经判断后将最优数据放入实时数据库中，提供系统的各个功能使用。同一测点的多源数据可在画面上查询到所有源的数据及其质量标志、最新采集时间及被选中的标志。

3. 历史存储

历史功能负责历史数据的处理及其在历史数据库中的存储、管理、保存等。将历史数据（包括事件）保存到商用数据库中，便于历史数据的回取、查询、管理等。

对于历史事件，除了保存在历史数据库中之外，还在每日凌晨按日生成一个逗号分隔符文件，该文件可以用 Excel、文本文件等方式打开。按日生成的事件文件可以方便地拷出，有助于直流系统或控制保护系统发生故障时分析事故原因。

4. 系统监视与切换

系统将自动监视各个节点上各个任务（或进程）的运行情况，一旦某个节点上的某个任务由于某种原因而停运，系统将自动重新启动该任务并把故障信息记录到系统事件列表中。

如果工作站或服务器的硬盘使用容量超过 80%，系统将产生一个报警并记录到系统事件列表中。如果运行人员采取手动备份并从硬盘清除无用的数据文件之后，该报警将自动复归。一般情况下最好保持硬盘的剩余容量大于 30%。

两台 SCADA 服务器是冗余配置，在服务器上配置的应用也是主备模式运行。如正常运行时一台服务器上的 SCADA 或前置应用值班，另一台服务器上的 SCADA 或前置应用备用。一旦发现值班应用出现异常情况，立即将备用应用升级为值班，原先的值班应用切换为备用或故障，同时将发出报警登录到系统事件列表中。

数据采集和遥控操作的流程分别如图 1－54 和图 1－55 所示。

1.5.3 OWS 界面主要功能模块

运行人员通过安装有人机界面的工作站，能够完成所有必要的换流站控制与监视功能。人机界面可以运行在查看模式和控制模式，查看模式只能用于监视不能进行控制操作，控制模式只能在用户登录后才有效。

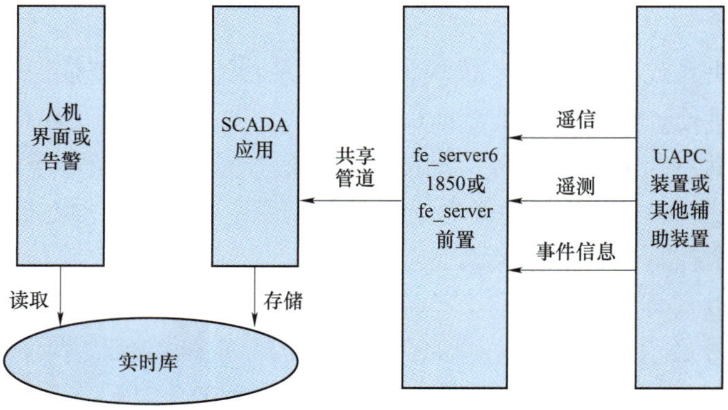

图 1-54　数据采集流程

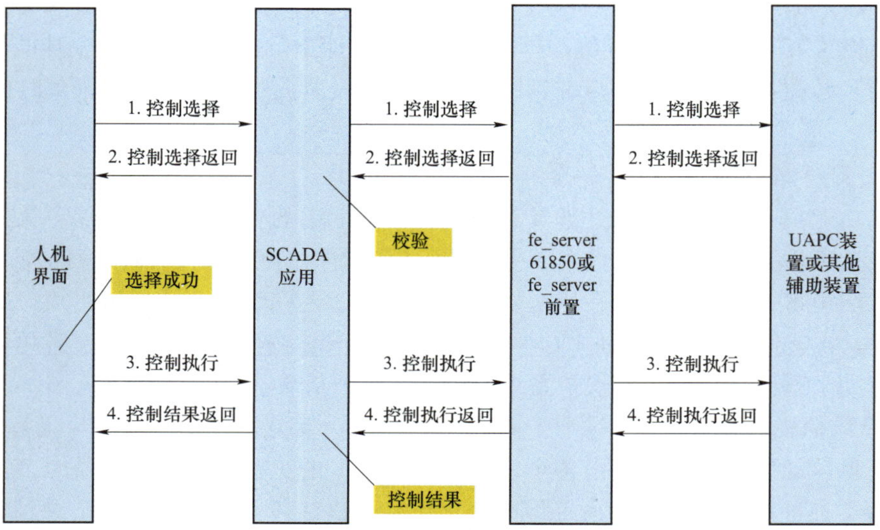

图 1-55　遥控操作流程

点击桌面上的“PCS-9700 直流监控系统”快捷方式，或在 DOS 命令行输入命令 hvdcexplore，即可启动人机界面。人机界面包括在线显示工具、事件报警工具、谐波监视工具、报表工具等，通过集成框架将这些工具都集成在一起。

1. 在线显示

运行人员可以通过导航栏调看不同的单线图窗口，每一个单线图窗口显示 UHVDC 系统的不同部分及其相关设备运行状态和工况。

在单线图窗口中用图符表示的所有能电动操作的开关设备（如断路器、刀闸、接地开关等）都可以进行相应的控制操作，开关设备的控制操作可以通过左击或右击设备图符，在其弹出窗口中进行。开关设备的图符可以由用户定义。但一般情况下，断路器用方块表示，刀闸与接地开关都用菱形表示，且用红色图符表示合闸状态，绿色图符表示分闸状态，开关锁定状态加以锁图符表示。

直流控制模式切换或直流运行状态转移或一组断路器/刀闸/接地开关的自动分/合操

作，称为顺序控制。在单线图窗口中用方框来表示控制模式或直流运行状态。通过点击选择所希望达到的模式，将启动 UHVDC 控制系统相关的顺序控制功能并完成控制模式的切换或直流运行状态转移或一组断路器/刀闸/接地开关的分/合操作。

升/降操作主要用于换流变压器分接头的调节，按步长变化的控制参数。设点操作（遥调）主要用于电流/功率及其变化速率指令等整定值的改变，通过遥调功能可以输入新的模拟量整定值。

通过右击状态量、模拟量，可以查询该信号的详细信息。同时，对冗余控制系统的冗余信号或双极信号，查询时可以同时看到来自运行/备用系统或双极 4 个系统该信号的实时状态或值。

2. 事件报警

事件/报警信息以列表窗口显示。事件信息由日期、时间（精确到毫秒）、主机（产生事件的设备）、等级（正常、轻微、报警、紧急）、报警组（事件所属区域或子系统）和内容描述（事件内容和报警点状态）构成。事件报警工具主要包含事件列表、告警列表、故障列表、历史事件列表、系统告警列表和历史系统告警列表。

事件列表的信息按时间顺序排列，最新产生的事件显示在窗口最下部，最早的事件显示在窗口最上部。事件列表最多显示 20000 条（包含内部事件），显示整个换流站控制保护系统产生的完整的事件顺序记录，并提供检索和过滤功能用来选择要在列表中显示给定条件的事件。

告警列表按时间顺序显示过去产生的运行人员未确认的报警（包括轻微、报警、紧急）事件。告警列表最多显示 15000 条。运行人员可以在该表中对报警进行确认，报警可以一行一行地确认，也可以一次性确认全部报警行。

故障列表按故障等级顺序显示所有的永久故障（即当前存在的分类为告警的事件），紧急等级的事件显示在最下方，报警等级的事件显示在中间，轻微等级的事件显示在最上方。在该表中报警就像它们发生的一样进进出出，当控制系统中的报警信号一经产生，该列表就会自动显示相应的一行信息；控制系统中的报警信号一经复归，该表中的相应报警行就自动消失。报警列表中的报警确认对故障列表的显示没有任何影响。

历史事件列表可以追忆并显示以前的事件。历史事件列表具有与事件列表相同的功能，其差异在于查看历史事件列表时必须先选择所期望的时间范围。历史事件保存在 SCADA 服务器上的商用数据库中。同时，历史事件也按日生成文件并保存在 EWS 工作站上，历史事件文件可以用 Excel 或文本文件方式打开并查看。

系统告警列表显示 PCS－9700 直流监控系统（网络、SCADA 服务器与各工作站等）的运行情况包括故障及恢复等事件信息。

事件报警列表窗口提供垂直滚动条和移动按键可以翻页或移动，点击滚动条空白处为向上或向下翻页，点击上部的向上或下部的向下单箭头则向上或向下移动一行，也可以在垂直滚动条的任意位置用鼠标滚轮向上或向下滚动移动，每次移动 3 行。点击上部的向上双箭头则将移动到第一行，点击下部的向下双箭头则将移动到最后一行。同时提供了一些功能按钮，如“登录”“事件过滤”“告警确认”“打印”“设置”“音响确认”等。

3. 谐波监视

谐波监视是用棒图在线显示所选择谐波监视点的 1～50 次谐波值。在线谐波监视能够完成对换流站内每台换流变压器交流侧三相电压、三相电流和直流线路电压、电流及总加电流进行 1～50 次谐波的实时测量和分析。监测和分析结果主要包括交流各次谐波电压含量、交流各次谐波电流含量、电压总谐波畸变率、电流总畸变率、电话干扰系数和直流侧的等效干扰电流。

4. 报表工具

报表工具用于定义和显示换流站的日常报表。报表能方便进行行、列的增加和删除，调整行高、列宽，设置单元格的字体、显示格式、边框风格等操作；支持拷贝、粘贴、剪贴功能；支持 Undo、Redo 功能；支持电子表格公式；图形和表格混合制作、图文并茂。报表也能够定时或随时保存为真实的 Excel 文件。报表浏览时，根据报表的取数时间，从历史数据库中获取数据。报表中的数据可以进行修改和插入。对于历史数据，能永久地保存到历史库中。

5. 主要单线图

换流站的主要单线图包括交流场单线图、交流滤波器场单线图、直流场单线图、顺序控制流程图、战网结构图及阀组状态图等，分别如图 1－56～图 1－61 所示，供参考。

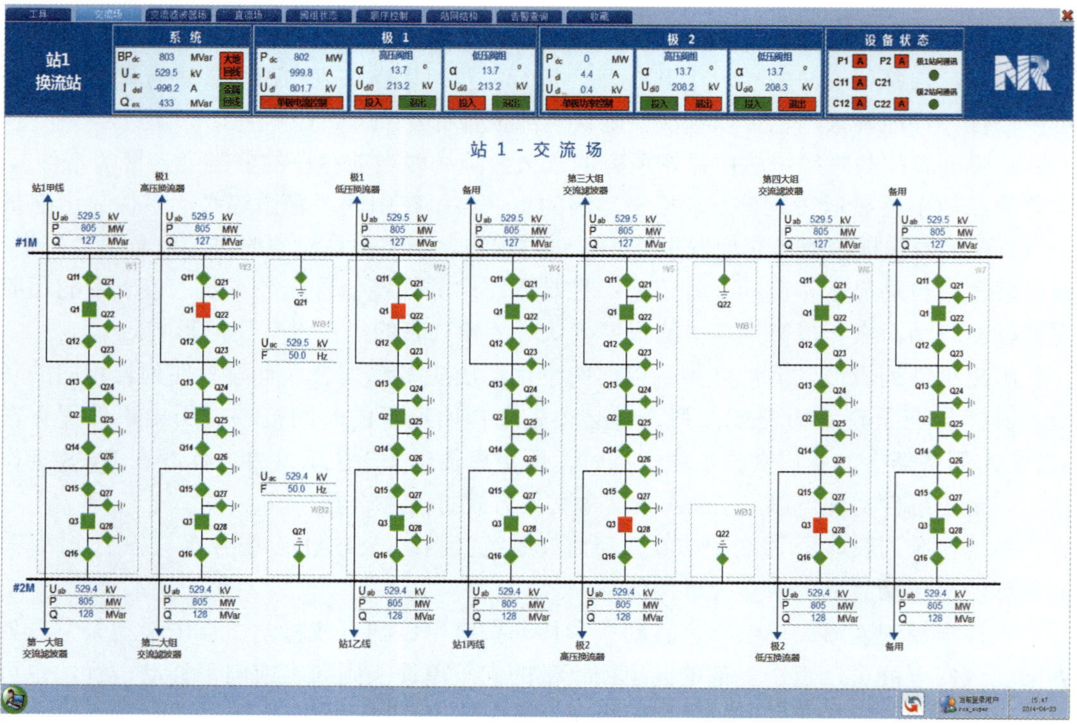

图 1－56　交流场单线图

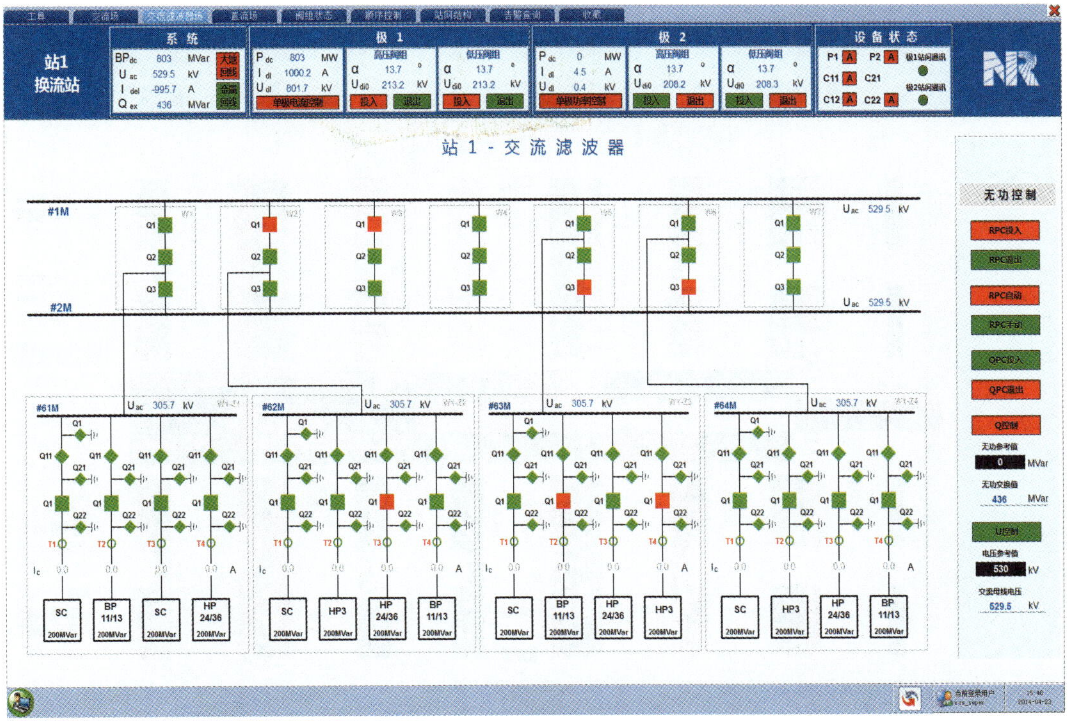

图 1–57　交流滤波器场单线图

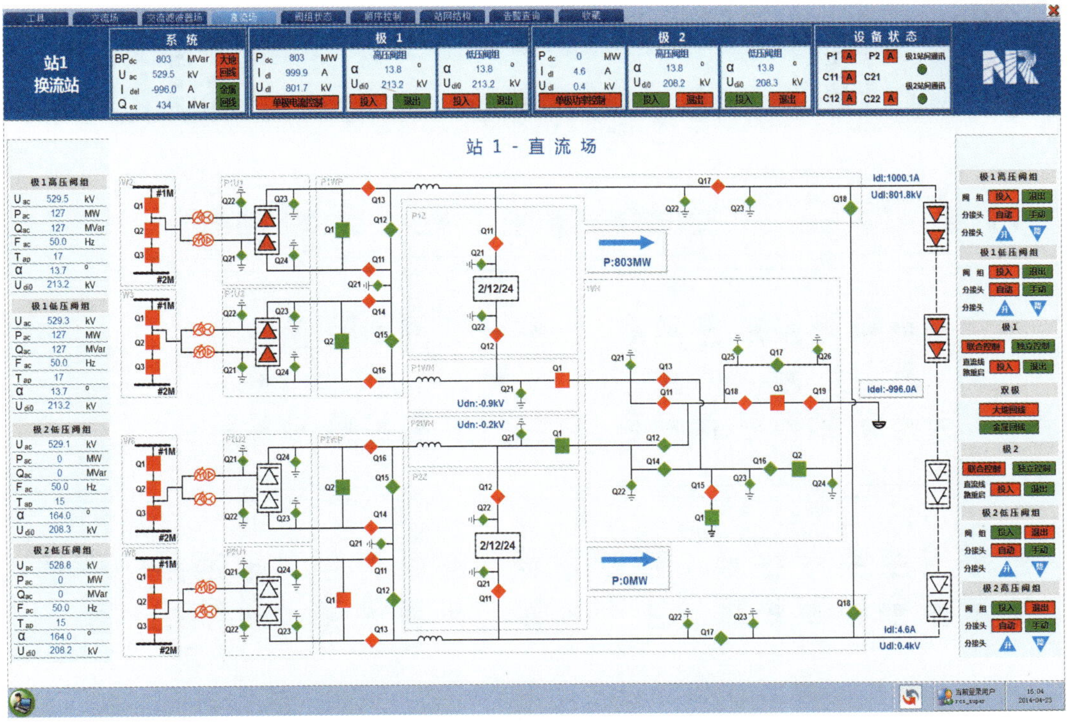

图 1–58　直流场单线图

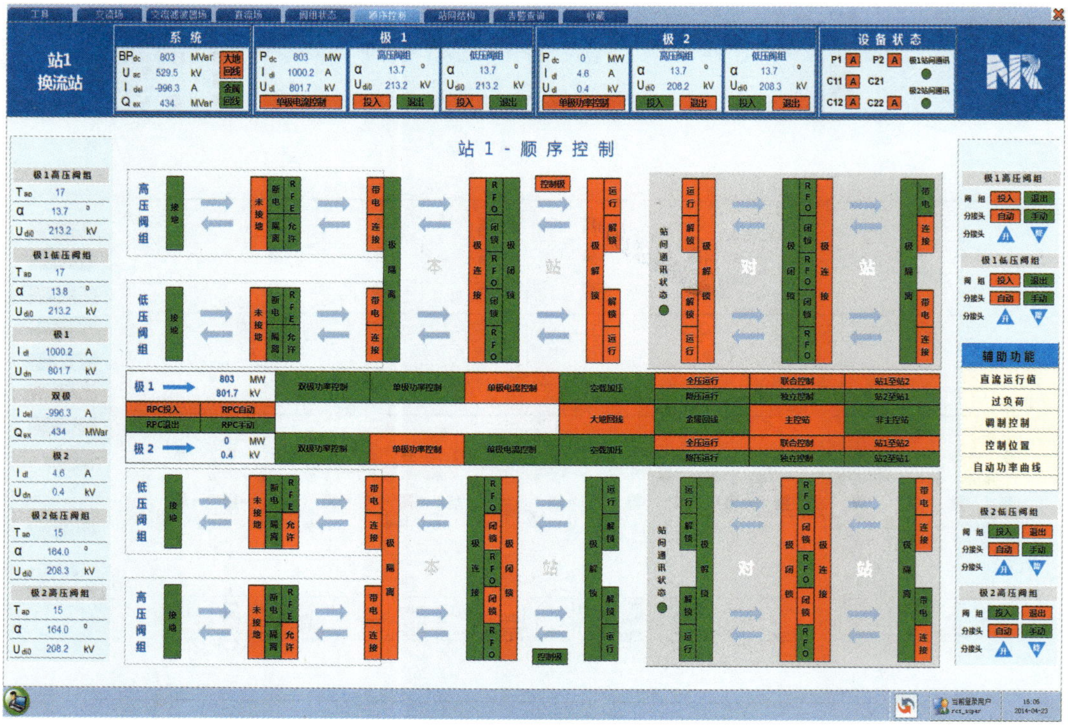

图 1-59　顺序控制流程图

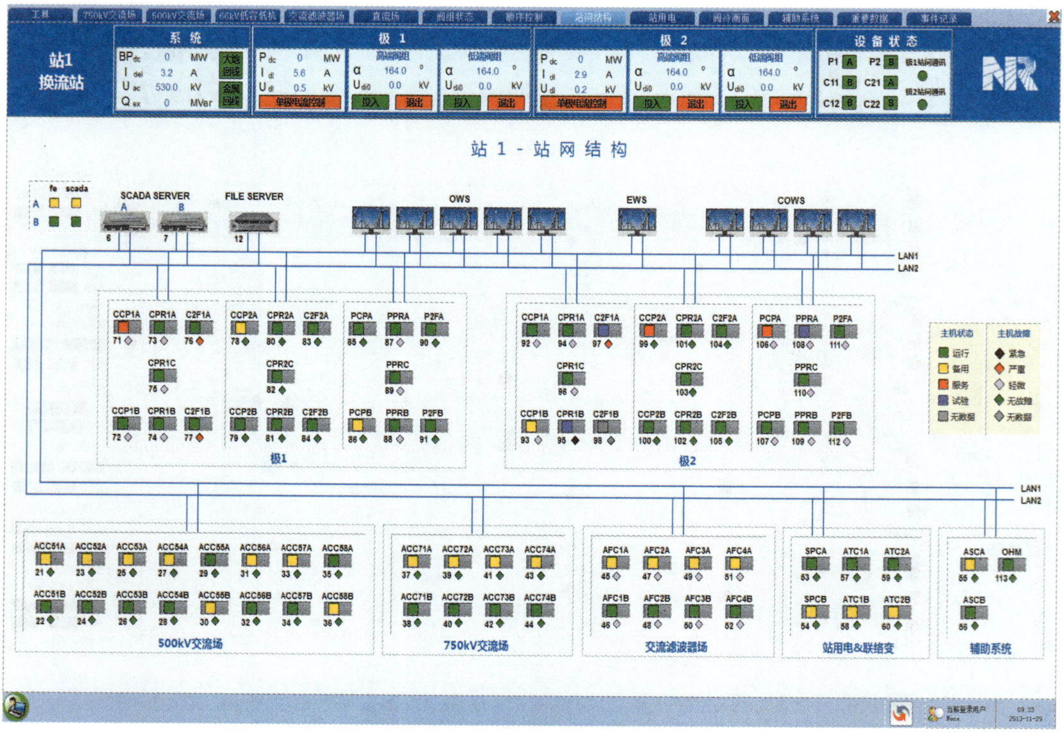

图 1-60　站网结构图

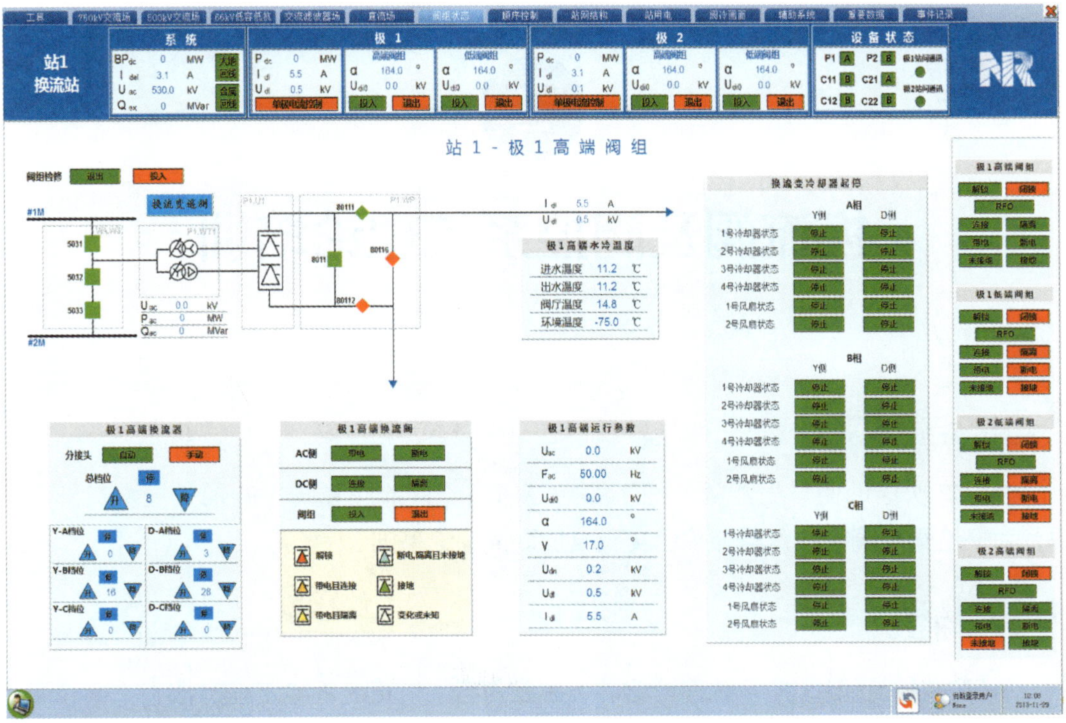
站1
换流站
系 统
极 1
极 2
设 备 状 态
站 1 - 极 1 高 端 阀 组
换流变冷却器起停
A相
B相
C相
极1高端水冷温度
进水温度 11.2 ℃
出水温度 11.2 ℃
阀厅温度 14.8 ℃
环境温度 -75.0 ℃
极1高端换流器
极1高端换流阀
极1高端运行参数
分接头
AC侧
DC侧
阀组
#1M
#2M

图 1-61 阀组状态图

2

换流阀及阀控系统理论培训

培训目标

通过本次培训使学员能够全面了解特高压直流换流阀及阀控的相关技术基础及原理，为换流阀及阀控仿真实训平台实操培训提供理论基础。

培训形式

本章为换流阀及阀控系统理论培训，主要内容围绕直流输电工程的核心“换流阀及阀控”相关知识，对换流阀的发展史、直流输电中最常见的 12 脉动换流器的原理、古泉站换流阀的结构、实训平台中换流阀及阀控的结构、阀组件内设备结构组成等进行介绍并叙述。

2.1 古泉换流站换流阀结构

昌吉—古泉±1100kV 特高压直流工程换流阀采用空气绝缘、纯水冷却、悬吊式结构，每个双重阀为 1 个悬吊阀塔，它由 2 个单阀串联组成，一个完整的单阀由 12 个晶闸管组件和 6 个电抗器组件串联而成，每 4 个晶闸管组件和 4 台阀电抗器构成阀塔结构上的 1 层。古泉换流站极Ⅱ换流阀每个组件由 7 个晶闸管元件组成。双重阀结构合理、简单、牢固，便于安装与检修。

换流阀主要由悬吊阀基、顶部装配、层装配、晶闸管组件和电抗器组件、模块装配、平台装配、底部装配、底屏蔽装配、阀避雷器安装、光缆装配和金具管母组成。

悬吊部分采用标准的瓷绝缘子和正反可调节螺扣将阀体和避雷器悬挂于阀厅顶部的钢梁上，阀体的水平和水管接头的对接位置可以通过调节螺扣来做调整。

阀架包括顶部架、底部架和阀支架。阀架的基本结构是采用 16 根玻璃纤维加强的绝缘螺杆垂直安装在顶部和底部的两个铝框架中，绝缘螺杆为通丝螺杆，所以安装支架很容易。这种设计贯穿了“绳索”设计理念，实现了换流阀的柔性结构设计，可以承受允许的静态和动态负载，其中包括工程中指定的地震应力要求。

阀塔层间距设计综合考虑了交流、直流和冲击电压下的空气间隙要求，也考虑了交流、直流电压下的局部放电要求，设计了合理的空气间隙及爬电距离。

阀的连接母线采用铝合金母线，串联于阀层之间，顶端和底端分别固定在阀顶部架和底部架上。由于晶闸管阀结构基本采用对称结构设计，所以母线的种类数量相对较少，结构简单。

换流阀内设计有检修平台和爬梯，检修人员可以很容易地接近需要维护的位置进行修理。检修平台采用绝缘材料制成，具有良好的防火性能，并且是机械结构的一部分。

昌吉—古泉±1100kV 特高压直流输电工程额定输送功率为 12000MW，额定直流电压±1100kV，直流电流 5455A，起点新疆维吾尔自治区昌吉市，落点安徽省宣城市。昌吉—古泉±1100kV 特高压直流输电工程是双极直流系统。系统每端站都包括 2 个完整单极，每个完整单极由 2 个 12 脉动换流单元串联组成。

古泉站一个 12 脉动换流阀由 6 个双重阀组成。每站单极包括两个串联的 12 脉动桥，每个 12 脉动桥额定电压 550kV，由两个串联的 6 脉动桥组成。下 12 脉动桥的低压端连接到中性点电位，上 12 脉动桥的低压端连接到 DC550kV，因此上 12 脉动桥高压端的双重阀到阀厅顶部需要更大的绝缘距离。每一个完整的单阀由 12 个晶闸管组件和 6 个电抗器组件串联组成。一个晶闸管组件由 7 个晶闸管级串联组成。每个晶闸管级包含 1 个晶闸管、1 个晶闸管控制单元 TCU、1 个直流均压回路和 1 个 RC 阻尼回路。

古泉站换流阀触发方式采用电触发。

阀控制单元（VBE）将由极控制和保护（PCP）来的控制脉冲（CP）转换成触发脉冲（FP），并通过光接口板转换成光触发脉冲，经过高压光缆发送到换流阀每个晶闸管级的控制单元（TCU），触发每个晶闸管。同时阀控制单元（VBE）还接收由每个晶闸管级的控制单元（TCU）发回的晶闸管状态信号，并发送到晶闸管监测单元进行处理。

2.2 换流阀及阀控系统实训平台结构

2.2.1 换流阀实训平台

昌换流阀实训平台包括换流阀（阀组件、阀电抗器、阀避雷器）、阀塔水路系统、阀控系统等，可以实现换流阀运维人员技能培训、应急处置模拟训练等目的。

该实训平台以±1100kV 吉泉特高压直流输电工程古泉站西电换流阀为基础进行了简化设计，在阀塔结构上仅包括 1 个阀层的 2 台晶闸管组件、阀电抗器、主水路及对应的分支水路、阀并联避雷器结构、相关结构连接等。实训平台换流阀模型如图 2－1 所示。

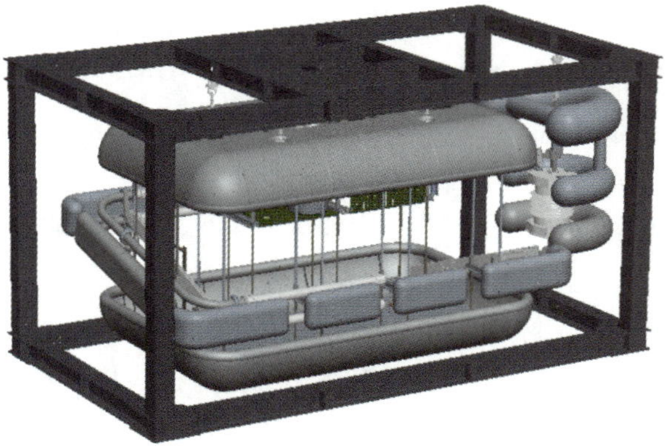

图 2-1　实训平台换流阀模型

阀控设备 VBE 是换流阀的重要组成部分，主要实现换流阀触发控制、晶闸管级运行状态实时监视以及阀塔漏水检测、阀避雷器动作监视功能，并具备完善的自检功能。实训平台结合换流阀实训组件的设计方案，形成一套简易阀控系统，可实现的功能主要有正常触发控制功能、晶闸管状态监视功能、换流阀故障告警及跳闸事件上送、VBE 与控制保护系统接口信号监视、换流阀触发试验、板卡功能测试、换流阀组件及控制保护系统实现对阀控系统功能的验证、VBE 实训平台预留与 RTDS 设备的接口，实现 FP/IP 信号的光电转换。

换流阀实训平台阀塔最大程度保留了工程阀塔结构的完整性，阀塔结构如图 2-2 所示。主要包括悬吊部分、阀架、平台、母线、晶闸管组件、电抗器组件、PVDF 水管、层屏蔽、光缆槽、层装配、阀避雷器等，具备完整换流阀阀塔的电气和结构功能，能够真实再现换流阀电气、结构布置和作业环境。

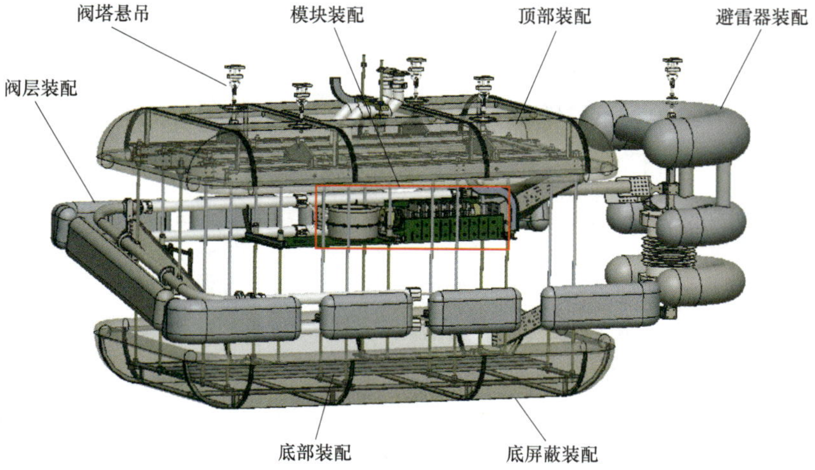

图 2-2　换流阀实训平台阀塔结构

悬吊部分采用标准的瓷绝缘子和正反调节螺扣（花篮螺丝）将阀体和避雷器悬挂于阀厅顶部的钢梁上，阀体的悬吊高低位置可以通过正反调节螺扣来调整。

阀架包括顶部架、底部架和阀支架。阀架的基本结构是采用玻璃纤维加强绝缘螺杆垂直安装在顶部和底部的两个铝框架中，每路是由多根绝缘螺杆及上、下连接件相互连接而成，绝缘螺杆为通丝螺杆。

2.2.2 阀控系统实训平台

阀控实训平台设计为单体屏柜，共有 2 个机箱。机箱 1n 为 VCM 机箱，实现换流阀的控制与监视。机箱 7n 为 VMU 机箱，实现阀塔漏水检测、阀避雷器动作监视功能。同时，VBE 还包括 24VDC 电源系统、CLC 接口板、工控显示界面 HMI、屏柜散热风扇等部分。

VBE 屏柜的屏面布置如图 2-3 所示。

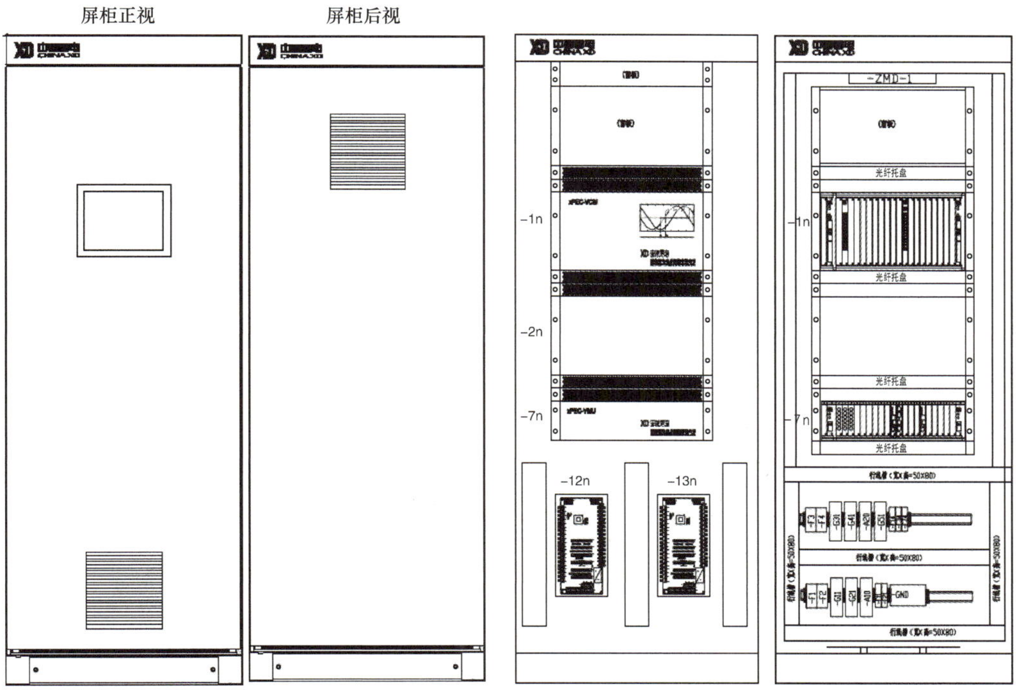

(a) (b)

图 2-3 VBE 屏柜的屏面布置

(a) 外观；(b) 内部

阀控实训平台包含 2 个机箱，分别是 1 个高度为 $6U$（U=44.45mm）的 VCM 机箱 2 和 1 个高度为 $3U$ 的 VMU 机箱。

VCM 机箱 1n 配置有 2 块主控板（对应于 A、B 系统）、1 块光发射板、1 块光接收板。光发射板和光接收板为标准 $6U$ 板卡，板卡采用板上冗余方式，除了光发射管器件、光接收器件外其他硬件电路均为冗余设计。

VCM 机箱配置如图 2－4 所示。

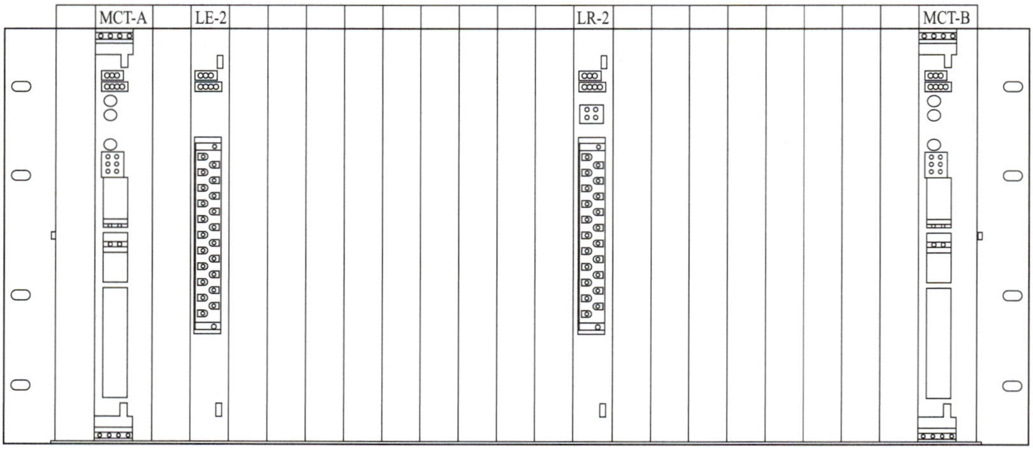

图 2－4　VCM 机箱配置

7n 机箱配置有 2 块 VMU 主控板（对应于 A、B 系统）、1 块光发射板、2 块光接收板、2 块录波板。VMU 光发射板、VMU 光接收板各有 6 路光通道，均采用板上冗余方式。VMU 光发射板和其中 1 块 VMU 光接收板用于阀塔漏水检测；另外 1 块 VMU 光接收板用于阀避雷器动作信号监视功能。

7n 机箱配置如图 2－5 所示。

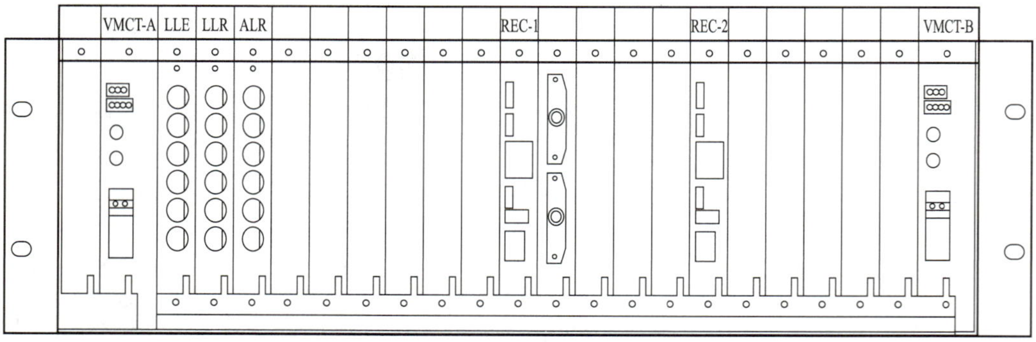

图 2－5　7n 机箱配置

VBE 作为二次控制保护系统和一次设备换流阀之间的接口设备，主要完成根据控制保护系统的控制信号实现对换流阀的触发控制功能和对屏柜本身运行状态和换流阀状态监视。

1. 控制系统功能

VBE 控制系统接收控制保护系统的控制信号，将其命令信号和控制脉冲 CP 转换为晶闸管级触发脉冲，实现对换流阀的触发控制，并产生 VBE 运行所需的控制信号。

根据不同运行工况，控制功能对应的工作模式分为正常触发模式、补脉冲触发模式、旁通触发模式和触发试验模式。

2. 监视系统功能

VBE 监视功能主要是根据换流阀侧反馈的 IP 状态信号、控制保护系统接口信号、运行状态自检信号来判断整个换流阀及其触发系统的工作状态是否正常。生成相应的信息送到 SER，并根据跳闸判据产生跳闸信号发送到控制保护系统。

2.2.3 晶闸管组件设备组成

晶闸管组件主要由 7 级晶闸管（包括 4 级晶闸管、3 级垫块）级串联组成，每个晶闸管级包括晶闸管和与之并联的阻尼回路、直流均压电路组成，每个晶闸管配置 1 个晶闸管控制单元（TCU），晶闸管等功率器件通过散热器强迫散热。晶闸管组件如图 2–6 所示。

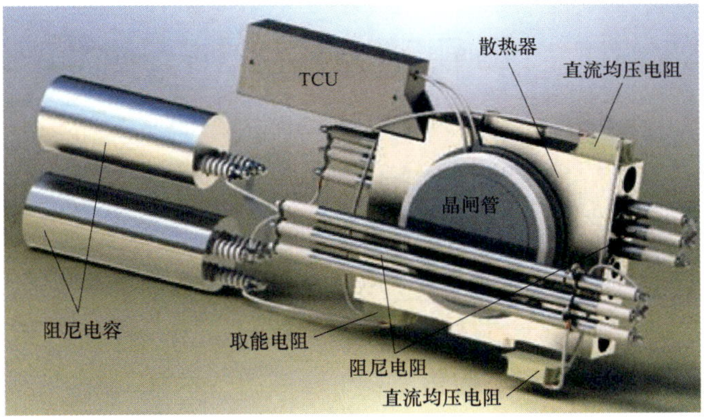

图 2–6 晶闸管组件

1. 晶闸管

采用 8.5kV/5500A 6 英寸电触发晶闸管，这是换流阀实现交直流转换的核心功率半导体器件。

2. 晶闸管控制单元（TCU）

晶闸管控制单元（TCU）为高电位板卡，实现晶闸管的状态监测与回报、晶闸管触发控制及晶闸管过电压保护等功能。

3. 阻尼电容

阻尼电容为 T 形连接，采用干式气体绝缘、自愈式电容。其与阻尼电阻配合，可实现晶闸管端电压尤其是动态电压的均匀分布，抑制换流阀的换相过冲；与取能电阻配合耦合取能为 TCU 工作提供电源。

4. 阻尼电阻

阻尼电阻为嵌入式棒状电阻，金属丝电阻，冲击耐受能力强、功率大，通过水冷散热器带走运行产生的热量。其与阻尼电容配合，可实现晶闸管端电压尤其是动态电压的均匀分布，抑制换流阀的换相过冲；抑制晶闸管开通时阻尼电容通过晶闸管的放电电流。

5. 直流均压电阻

直流均压电阻为无感膜式功率电阻，使晶闸管两端的直流电压包括低频电压分量均匀分配，并为TCU工作提供电压取样，包括晶闸管状态监测、过电压保护等。

6. 取能电阻

取能电阻为无感膜式功率电阻，与阻尼电容抽头电容配合耦合取能为TCU工作提供电源。

7. 散热器

采用铝合金腔式散热器，带走晶闸管、直流均压电阻、取能电阻、阻尼电阻等器件运行产生的热量。

2.3 TLP－1晶闸管级低压测试设备使用介绍

1. 使用环境

（1）环境温度。工作条件下为0～50℃。

（2）空气相对湿度。不大于20%～95%，无凝露。

（3）其他条件。装置周围的空气中不应含有带酸、碱腐蚀或爆炸性的物质。

2. 设备成套明细

设备成套明细见表2－1。

表2－1　　设备成套明细

序号	名称	数量	规格要求
1	TLP－1测试设备	1台	TLP－1晶闸管级低压性能测试设备功能、性能必须优于或者等同于现有晶闸管级低压性能测试设备（LTUD022/011）的功能和性能
2	测试手柄	1根	1. 试验手柄满足现有（±1100kV）晶闸管换流阀组件晶闸管级低压测试要求； 2. 测试手柄规格与现有（±1100kV）晶闸管换流阀组件晶闸管级低压测试设备接口兼容； 3. 测试手柄软连接线长度约为5m
3	光纤接口（触发、回报）	1套	1. 测试用光纤接口满足现有古泉工程晶闸管换流阀组件晶闸管级TCU光纤接口（ST型）规格要求； 2. 满足现有（±1100kV）晶闸管换流阀组件晶闸管级综合测试要求
4	配套电源线	1根	220V/5A，长度约为5m

3. 设备主要功能及技术参数

设备主要功能及技术参数见表2－2。

表 2－2　　　　　　　　　　设备主要功能与技术参数

<table>
<tr><th rowspan="2">序号</th><th rowspan="2">设备测试功能</th><th colspan="2">设备输出参数技术要求</th><th colspan="2">设备测量技术要求</th><th rowspan="2">备注</th></tr>
<tr><th>设备输出参数</th><th>输出误差</th><th>设备测量范围</th><th>测量误差</th></tr>
<tr><td>1</td><td>短路测试</td><td>0～300V（rms）
0～60mA（rms）</td><td>±10V</td><td>电压测量范围
0～1250V（峰值）</td><td>±10V</td><td></td></tr>
<tr><td rowspan="2">2</td><td rowspan="2">阻抗测试</td><td>频率范围
100～20kHz</td><td>频率误差
＜±1%</td><td>阻抗测量范围
5～5000Ω</td><td rowspan="2">±5%</td><td rowspan="2"></td></tr>
<tr><td>＞20kHz</td><td></td><td>5～1000Ω</td></tr>
<tr><td>3</td><td>触发测试</td><td>300V（rms）</td><td>＜±10V</td><td>电压测量范围
0～1250V（峰值）</td><td>±1V</td><td></td></tr>
</table>

4. 设备安装操作

（1）为了确保操作人员安全，将接地线连接到设备后侧的蝶形螺母上。

（2）用电源线连接设备插座和供电插座（电压范围 190～240VAC）。

（3）将测试手柄插到设备后侧插座上并锁紧。

（4）将测试手柄安放到被测晶闸管两端的电极上。

（5）将触发光纤一端连接到 TCU 的 FP 接口，另一端设备的光纤模块的 FP 接口。

（6）将回报光纤一端连接到 TCU 的 IP 接口，另一端设备的光纤模块的 IP 接口。

（7）打开面板上的电源旋钮开关，依照菜单选择试品和功能。

（8）打开两个启动旋钮开始试验，直到试验结束再松开。

5. 设备测试参数设置及要求

设备测试参数设置及要求见表 2－3。

表 2－3　　　　　　　　　　设备测试参数设置及要求

<table>
<tr><th>序号</th><th>名称</th><th>单位</th><th>备注</th></tr>
<tr><td>1</td><td>FREQ1</td><td>Hz</td><td rowspan="4">检查阻尼均压电路中的器件有无损坏、短路或开路，预设频率值</td></tr>
<tr><td>2</td><td>FREQ2</td><td>Hz</td></tr>
<tr><td>3</td><td>FREQ3</td><td>Hz</td></tr>
<tr><td>4</td><td>FREQ4</td><td>Hz</td></tr>
<tr><td>5</td><td>SCTMIN</td><td>V</td><td>预设加频率为 50Hz，峰值电压约等于 500V 的电压，检查通过晶闸管上的电压峰值应高于 400V</td></tr>
<tr><td>6</td><td>IMP1L</td><td>Ω</td><td>模拟短接或者断开晶闸管级 C1X，阻抗最小值</td></tr>
<tr><td>7</td><td>IMP1H</td><td>Ω</td><td>模拟短接或者断开晶闸管级 C1X，阻抗最大值</td></tr>
<tr><td>8</td><td>IMP2L</td><td>Ω</td><td>模拟短接或者断开晶闸管级 R1，阻抗最小值</td></tr>
<tr><td>9</td><td>IMP2H</td><td>Ω</td><td>模拟短接或者断开晶闸管级 R1，阻抗最大值</td></tr>
</table>

续表

序号	名称	单位	备注
10	IMP3L	Ω	模拟短接或者断开晶闸管级 C2X，阻抗最小值
11	IMP3H	Ω	模拟短接或者断开晶闸管级 C2X，阻抗最大值
12	IMP4L	Ω	模拟短接或者断开晶闸管级 R2，阻抗最小值
13	IMP4H	Ω	模拟短接或者断开晶闸管级 R2，阻抗最大值
14	FTMIN	V	预设晶闸管触发电压最小值
15	FTMAX	V	预设晶闸管触发电压最大值

3

直流测量装置理论培训

培训目标

通过本次培训使学员能够全面了解特高压直流测量装置，含光电流互感器和零磁通电流互感器的相关技术基础及原理，为直流测量装置实训平台实操培训提供理论基础。

培训形式

本章为直流测量装置理论培训，主要包括全光纤电流互感器（简称光 CT）和零磁通电流互感器的整体结构及配置、基本原理、调试技术等基本知识，加深参培人员对设备结构原理及工作特性的熟悉，提高对常见缺陷、故障的应对能力，从而提升参培人员技能技术水平。

3.1 全光纤电流互感器理论培训

3.1.1 基本原理

光 CT 采用法拉第磁光效应，对电流通过导体时产生的磁场进行直接的测量，这种测量没有饱和现象。避免了常规电磁式电流互感器铁心在电力系统故障状态下的铁心饱和及磁滞回线，可能造成保护的误动或拒动，增加了保护装置的复杂性。而在高压侧无任何电子元器件和户外无源的运行方式，也完全避免了其他类型电子式电流互感器高压侧采集模块需要激光供能所带来的使用寿命和维护问题。与常规充油式的电流互感器相比，光 CT 具有尺寸小、重量轻的优势，即使在那些占地紧凑的变电站或者更新设备位置受限的场合，都能顺利地安装使用；其良好的抗震性能，能应对各种极端天气或气象灾害的影响；其动态范围宽的特性使其能同时满足高精度计量和保护的双重需求，而对高达 100 次电网谐波和相角的精准测量，为风电智能电网提供了可靠的基础信息。作为无源式的互感器产品，其无可比拟的优点和标准化数字输出使其成为数字变电站中重要的组成部分。

1. 法拉第磁光效应

法拉第（Faraday）磁光效应原理如图 3－1 所示。当一束普通光通过一个光偏振器后，原来的光就变成了一束沿固定偏振方向的振动的光波（图 3－1 中，偏振光为垂直方向）。如果这束偏振光进入光纤中，没有外界磁场存在，它会保持它进入光纤时的偏振方向。而如果光纤处于磁场中，具有法拉第磁光效应的光纤就会使偏振光的偏振方向发生偏转，其偏转角度和外界磁场的强度有关。如果在光纤的出口处再放置一个光检偏器，我们就能够通过测量其偏转角推算出磁场的强度。

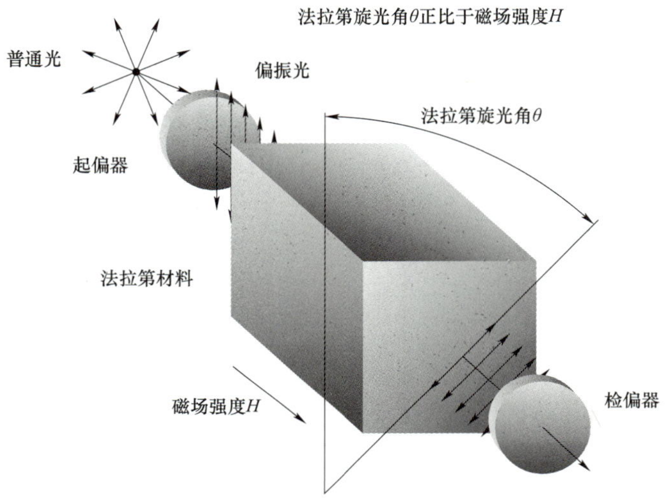

图 3－1　法拉第磁光效应原理

法拉第磁光效应的数学表达式为

$$\theta = \int_l VH\mathrm{d}l \tag{3-1}$$

式中　θ——线偏振光振动平面偏转角的大小，即旋光角；

V——维尔德（Verdet）常数，与材料本身的性质以及在其中传输光波的波长有关；

H——磁场强度；

l——光与磁场相互作用的距离。

对于圆偏振光，法拉第效应会使得左旋圆偏振光和右旋圆偏振光各自以不同的速度传播于某些介质，这性质称为圆双折射。法拉第效应改变圆偏振光传播速度的结果，是旋向相反的圆偏振光在相同距离传播过程中差生一定的相位差。这种相移的改变和线偏振光振动面的偏转是等价的。即其他因素相同，某一线偏振光经历的法拉第偏转和将此线偏振光变换为圆偏振光，再经相同法拉第效应后相位改变的大小相等，若相位差改变量为 $\Delta\varphi_S$，则有

$$\varphi = \theta = \int_l VH\mathrm{d}l \tag{3-2}$$

2. 安培环路定理

根据安培定理，沿任何一个区域边界对磁场矢量进行积分，其数值等于通过这个区域边界内的电流的总和。安培定理与区域的形状或时何种材料无任何关系，如图 3－2 所示。纯光纤电流互感器就是根据这个原理设计的，传感光纤形成了这个测量区域的边界，因此它测量的是传感光纤内的电流。相邻导体产生的漏磁场对测量没有影响，或者可以这样理解，按照安培定理，相邻导体产生的漏磁场的任何闭环矢量积分为零。除非光纤环把相邻导体也绕在其中。

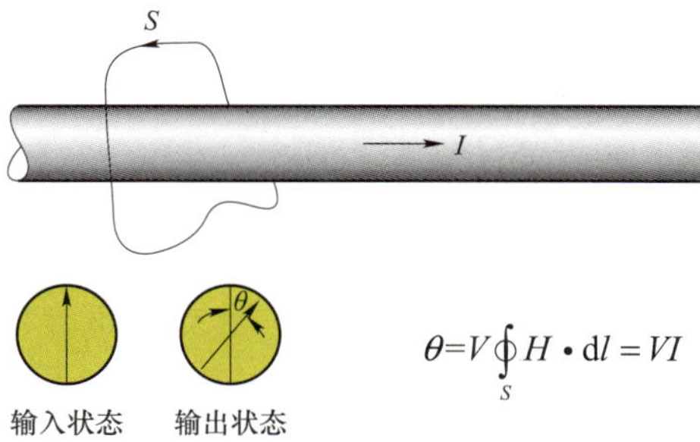

图 3－2　安培定理

当磁光介质，如传感光纤盘绕在一次通电导体时，在由传感光纤构成的闭合环路进行积分时，通电导体电流产生的磁场与旋转角的关系可以表示为

$$\oint_L H dl=\sum_{N_i} I_i=I \tag{3-3}$$

式中　N_i——穿过光纤环路的载流导体的根数，在实际应用中，$N_i=1$；

　　　I_i——每根载流导体中通过的电流强度和方向（假设每根导体电流的大小和方向都相同）。

其他临近通电导体产生的磁场在由传感光纤构成的闭合环路进行积分时，产生的旋转角为零，即

$$\theta=\oint_L VH_{out} dl=0 \tag{3-4}$$

因此，任何环路外的磁场对环路内的测量没有影响。

由式（3－1）、式（3－2）可得

$$\phi=\theta=\int_l VH dl=VN\oint_L H dl=VNI \tag{3-5}$$

式中　N——光纤环路的圈数。

式（3－5）就是纯光 CT 的工作原理，只要测得圆偏振光改变的相位差或者线偏振光旋光角的大小和正负，就可以求得载流导体中电流的大小和方向。

3. 干涉测量原理

全光纤电流互感器是采用在法拉第磁光效应的基础上，采用双光束同光路萨格纳克（Sagnac）干涉法对法拉第磁光效应中的磁场进行测量，如图 3－3 所示。

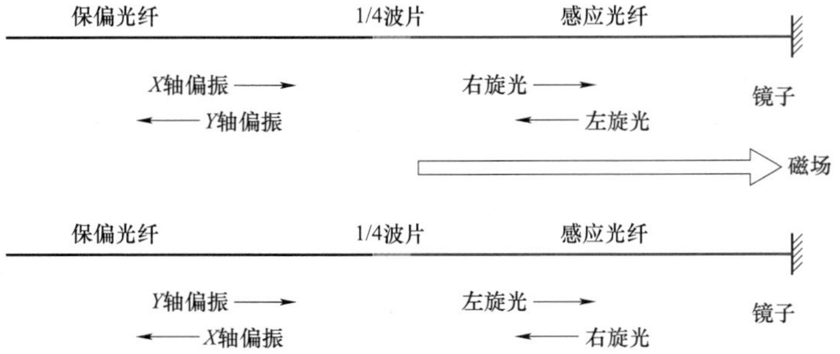

图 3-3　双光束同光路 Sagnac 干涉法

光纤传感器部分主要有保偏光纤，1/4 波片，感应光纤和反射镜组成。一束沿 X 轴偏振的光通过 1/4 波片后就变成了顺时针偏转的右旋光，右旋光遇到了镜子后被反射成左旋光，再通过 1/4 波片后变成了沿 Y 轴偏振的光。同样，另一束沿 Y 轴偏振的光通过 1/4 波片后就变成了逆时针偏转的左旋光，左旋光遇到了镜子后被反射成右旋光，再通过 1/4 波片后变成了沿 X 轴偏振的光。在没有外加磁场的情况下，X 轴偏振的光将和 Y 轴偏振的光通过同样的路径同时返回起点，两束光没有任何相差。而在任何时刻，温度和振动等外界因素对两束光的影响都是一样的，不会产生任何相差。而当有如图 3-3 所示的磁场存在时，右旋光顺磁场或左旋光逆磁场都会被加速，而右旋光逆磁场或左旋光顺磁场都会被减速。这使得 X 轴偏振的光越来越快，而 Y 轴偏振的光越来越慢。通过测量两束光的相差，我们可以精确地计算出磁场的强度，而又避免直接测量偏转角带来的误差。

干涉测量是基于光波的叠加原理，在干涉场中产生亮暗交替的干涉条纹，通过分析处理干涉条纹来获取被测量的有关信息。当两束光波频率相同、振动方向相同以及初始相位差恒定时，两束光会发生干涉现象。在干涉场中任一点的合成光强为

$$P = P_1 + P_2 + 2\sqrt{P_1 P_2}\cos\Delta\varphi \tag{3-6}$$

式中　$\Delta\varphi$ ——两束光的相位差；

P_1、P_2 ——分别为两束光的光强。

当 $\Delta\varphi=(2n+1)\pi$ 时，两波相消，为暗条纹；当 $\Delta\varphi=2n\pi$ 时，两波相加，为亮条纹。

当把被测量引入光路中，两束光的相位差因被测量而发生了变化，那么干涉条纹则发生变化。通过测量干涉条纹的变化量，可以获得与介质折射率 n 和几何路程 l 有关的各种物理量和几何量。

4. 光 CT 测量系统

光 CT 测量系统由高压侧一次电流互感器本体设备、线缆转接箱（CMB）及电子机箱 3 个主要部分组成。

光 CT 测量系统原理如图 3-4 所示，红色线代表的是光 CT 系统的调制线回路，蓝色线代表的是光 CT 系统的光信号回路。同时，电子机箱也有相应的温度传感器电缆和模拟信号输出电缆。光缆是从一次本体侧经由 CMB 转接至电子机箱。

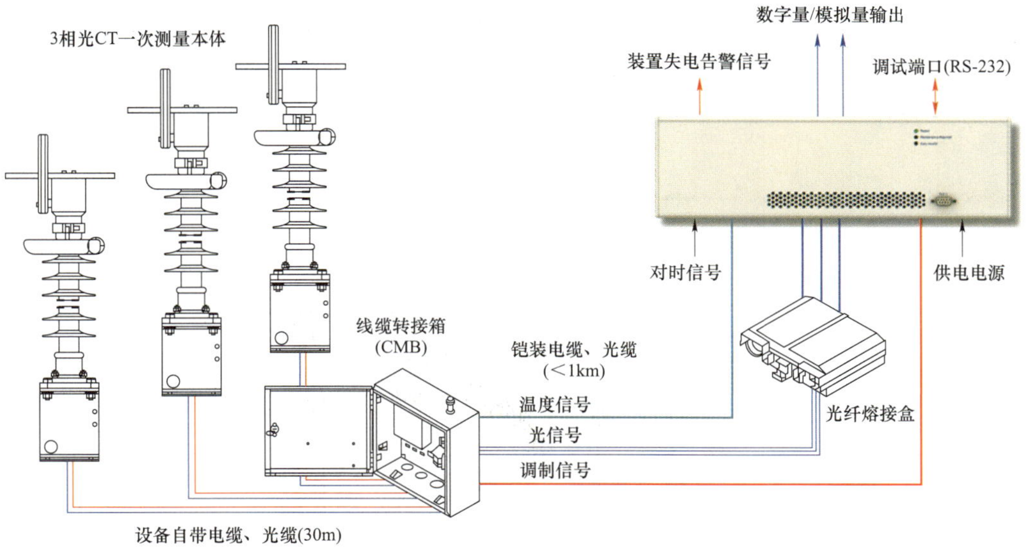

图 3-4 光 CT 测量系统原理

3.1.2 结构型式

24kV 交流滤波器末端、300kV 交流不平衡、阀组 550kV 母线（户内）、中性线及滤波器电压侧为自立式结构；极线、滤波器高压侧、阀组 550kV 母线（户外）、1000kV 交流滤波器首端及 800、400kV 交流不平衡为悬吊式结构。

1. 悬吊式

悬吊式结构互感器底座是通过 4 个螺栓与安装基础相连接，互感器上部通过悬挂式金具与管母线（或者钢构架）连接，传感环套在管母上或者传感头通过电缆引至电容器。悬吊式结构的互感器高度较高，由多节空心复合绝缘子制造，节间连接处采用内部铰接，外部由特殊金具夹紧的方式，保证绝缘子节间连接处的机械强度。悬吊式光 CT 如图 3-5 所示。

2. 自立式

自立式光 CT 不需要与一次设备厂家过多的配合，安装时将传感环套在管母上即可，方便现场安装，结构紧凑，占地面积小，如图 3-6 所示。

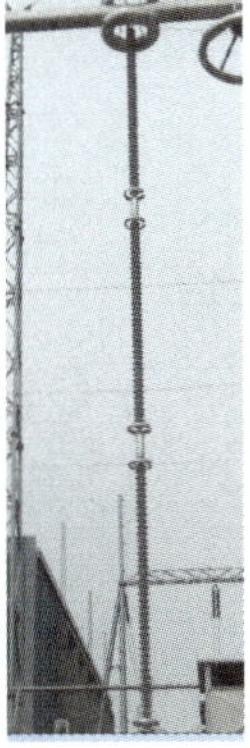

图 3-5 悬吊式光 CT

图 3-6 自立式光 CT 示意图

3.1.3 电子单元结构

光 CT 电子单元结构如图 3-7 所示。

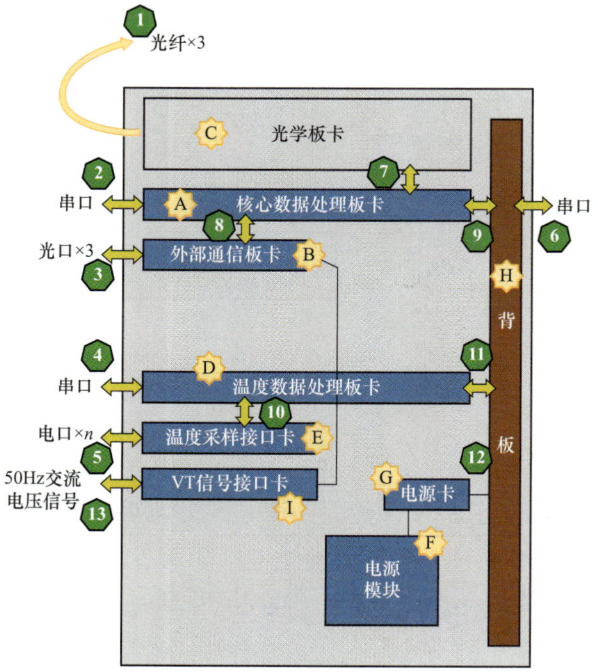

图 3-7 光 CT 电子单元结构

机箱内部功能包括核心数据处理板卡（主板）、外部通信板卡、光学板卡、温度数据处理板卡及电源模块。

1. 核心数据处理板卡（主板）

核心数据处理板卡（主板）的作用如下。

（1）获得原始光学数据并进行分析和计算。

（2）获取温度数据，并对光学/电流数据的拟合以及修正。

（3）控制光学板卡、外部通信板卡等。

2. 外部通信板卡

外部通信板卡按照指定的协议与外界（第三方设备）通信。

3. 光学板卡

光学板卡的作用如下。

（1）发射和接收激光。

（2）控制器件的温度。

（3）对光信号进行模拟/数字转换。

4. 温度数据处理板卡

温度数据处理板卡的作用是对原始的温度数据进行处理。

5. 温度采样接口卡

温度采样接口卡用于获取原始的温度数据。

6. 电源模块

电子单元内部结构和背板结构分别如图 3－8 和图 3－9 所示。

图 3－8 电子单元内部结构

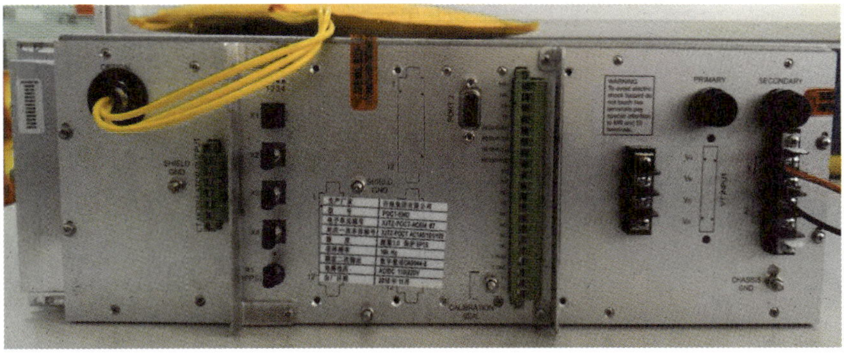

图 3－9 电子单元背板结构

3.1.4 古泉换流站全光纤电流互感器构成

1. 古泉换流站光 CT 测点布置

每个全光纤式直流电流测量装置包括位于一次导电体附近的传感光纤以及位于控制室内的电子接口模块组成一个可以测量交、直流电流的电流互感器。

直流场每个测点的全光纤电流测量装置配置 3 套互为冗余的独立传感光纤，每个传感光纤接入不同的电子单元；每极的光 CT 配置 3 台合并单元，分别对应 3 套控制保护系统，每个合并单元输出 8 路独立的数字量信号，每路数字信号包含该极所有测点的信息。其中用于直流场直流极线线路侧的光纤电流测量装置多提供 1 个用于谐波电流测量的传感光纤和电子单元，即配置 4 套互为冗余的独立传感光纤。

交流场 CT 每个测点配置 2 套独立的一次测量光纤，每个传感光纤接入不同的电子单元。500kV 交流滤波器 300kV 不平衡光 CT、1000kV 交流滤波器低端不平衡、高端不平衡、滤波器首端光 CT 中，每个大组配置 2 台合并单元，分别对应两套控制保护系统，每台合并单元双板卡各输出 8 路独立的数字量信号，每路数字信号包含该大组所有测点的信息；1000kV 交流滤波器末端光 CT 中，由于 IEC 60044－8 规约传输通道的限制，每个大组需配置 4 台合并单元，分别对应两套控制保护系统，每套控制保护系统配置 2 台合并单元，每 2 台合并单元包含该测点的所有测量信息和保护信息，每台合并单元双板卡各输出 8 路独立的数字量信号。

合并单元尺寸 4U，如图 3－10 所示。合并单元可合并单极所有测点信息，输出为数字量或模拟量，数字量可输出 8 路，采用 60044－8 规约与控保系统通信，采样率 10kHz，传输速率 10Mbit/s。

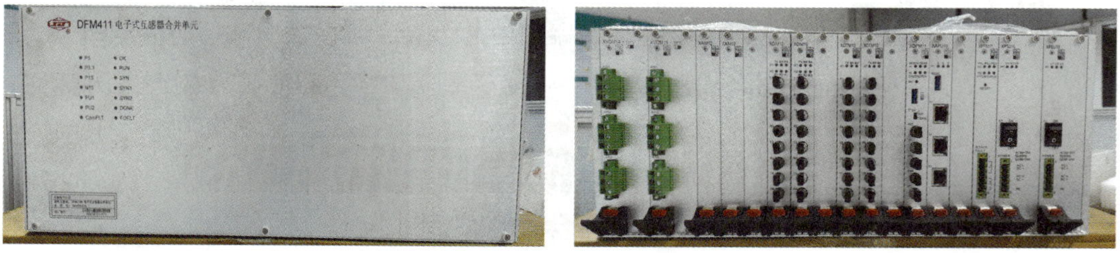

图 3－10　合并单元

（1）古泉站 500kV 交流滤波器 300kV 不平衡光 CT 传感头冗余配置及二次组屏方案如图 3－11 所示。

（2）古泉站 1000kV 交流滤波器首端光 CT 传感头冗余配置及二次组屏方案如图 3－12 所示。

（3）古泉站 1000kV 交流滤波器高端不平衡 800kV 光 CT 传感头冗余配置及二次组屏方案如图 3－13 所示。

（4）古泉站 1000kV 交流滤波器低端不平衡 400kV 光 CT 传感头冗余配置及二次组屏方案如图 3－14 所示。

（5）古泉站 1000kV 交流滤波器末端光 CT 传感头冗余配置及二次组屏方案如图 3－15 所示。

（6）昌吉—古泉±1100kV 特高压直流输电工程古泉站直流场全光 CT 传感头配置如图 3－16 所示；电子机箱配置方案如图 3－17 所示。

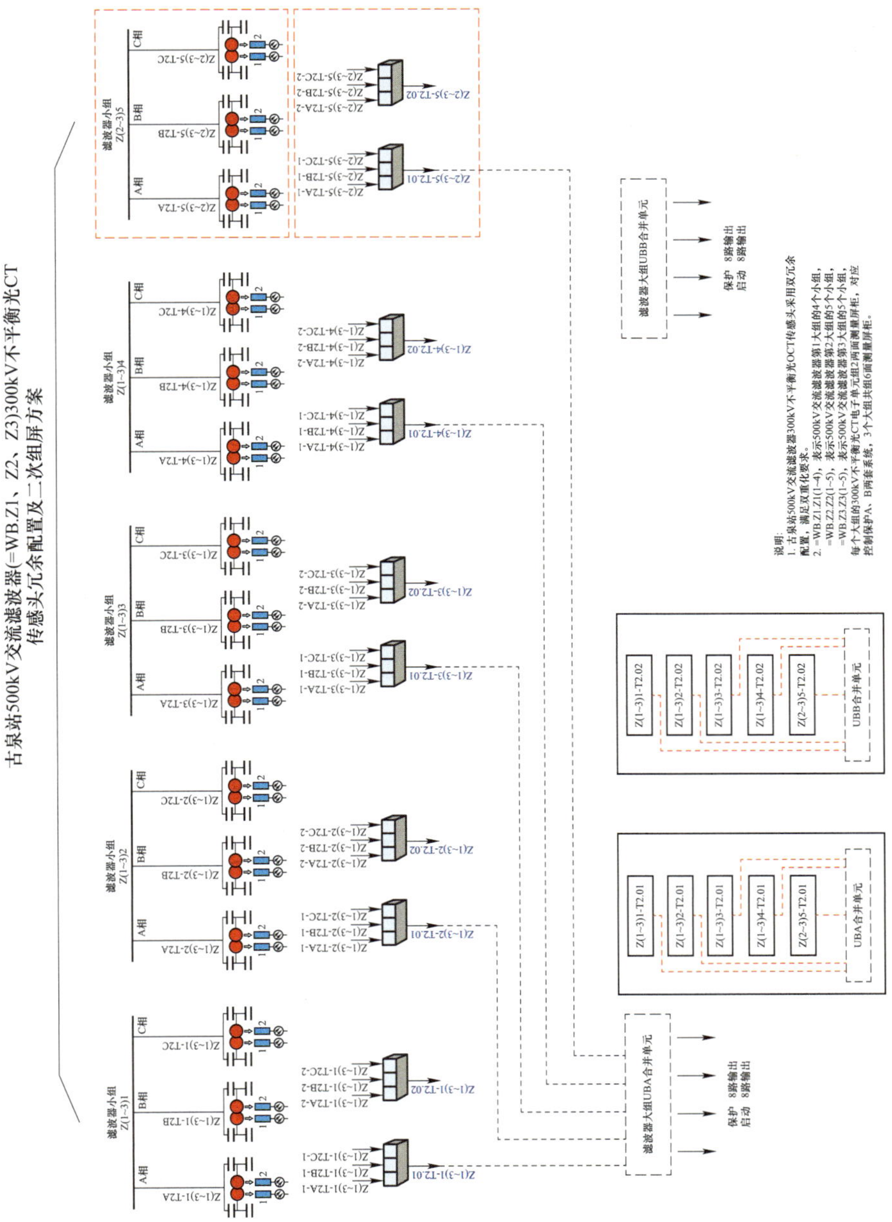

图 3-11 古泉站 500kV 交流滤波器 300kV 不平衡光 CT 传感头冗余配置及二次组屏方案

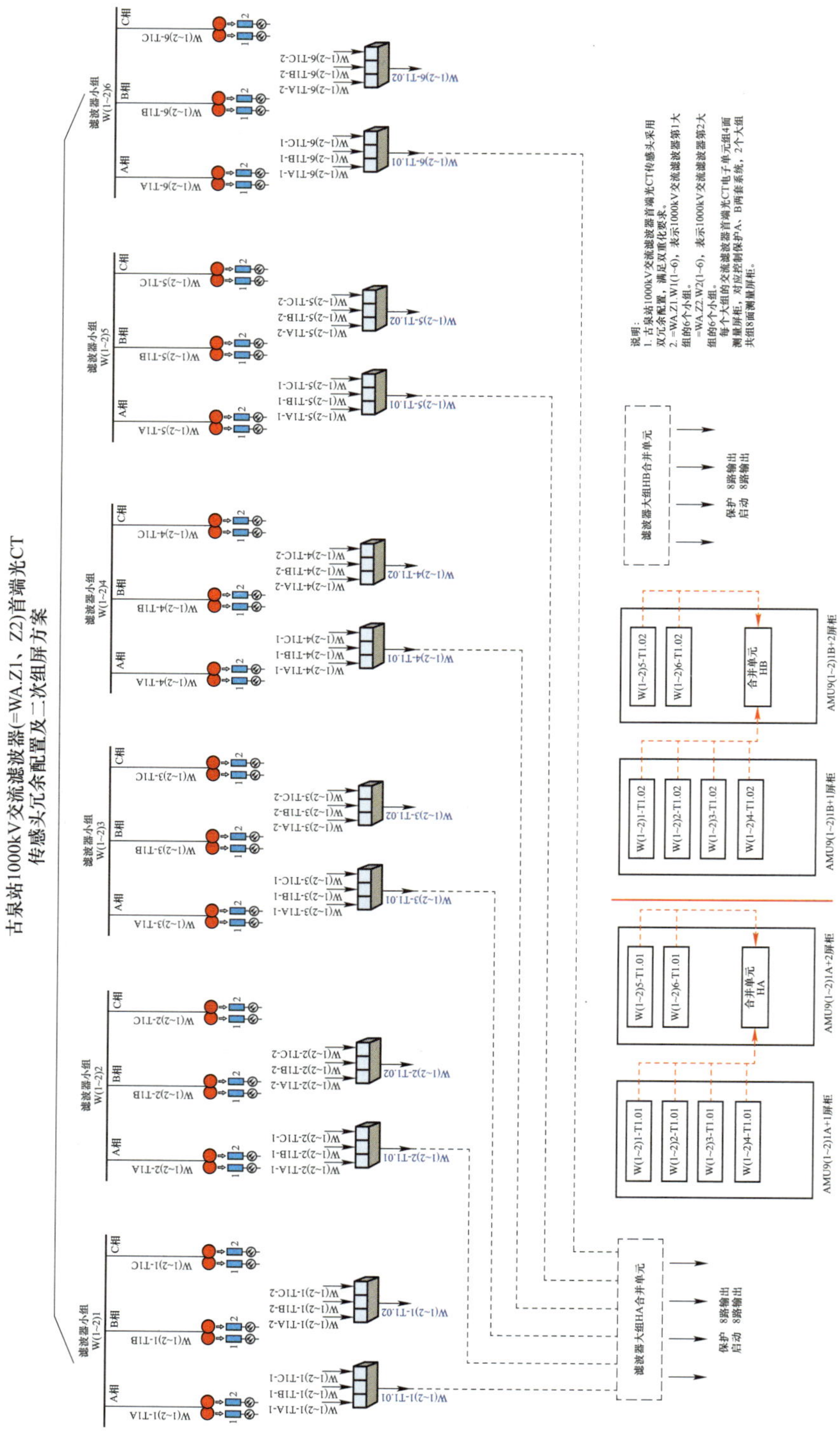

图 3-12 古泉站 1000kV 交流滤波器首端光 CT 传感头冗余配置及二次组屏方案

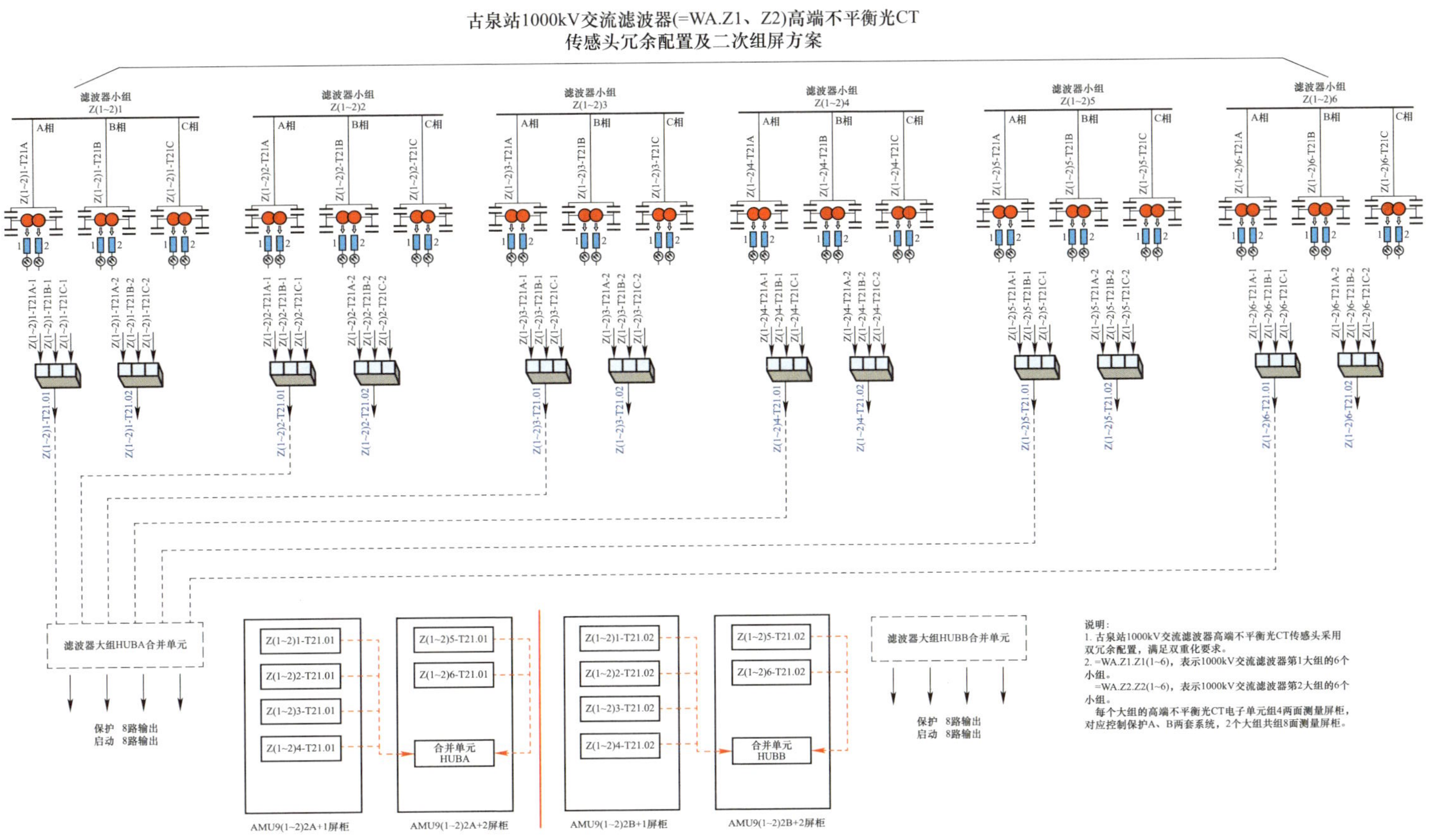

图 3-13　古泉站 1000kV 交流滤波器高端不平衡 800kV 光 CT 传感头冗余配置及二次组屏方案

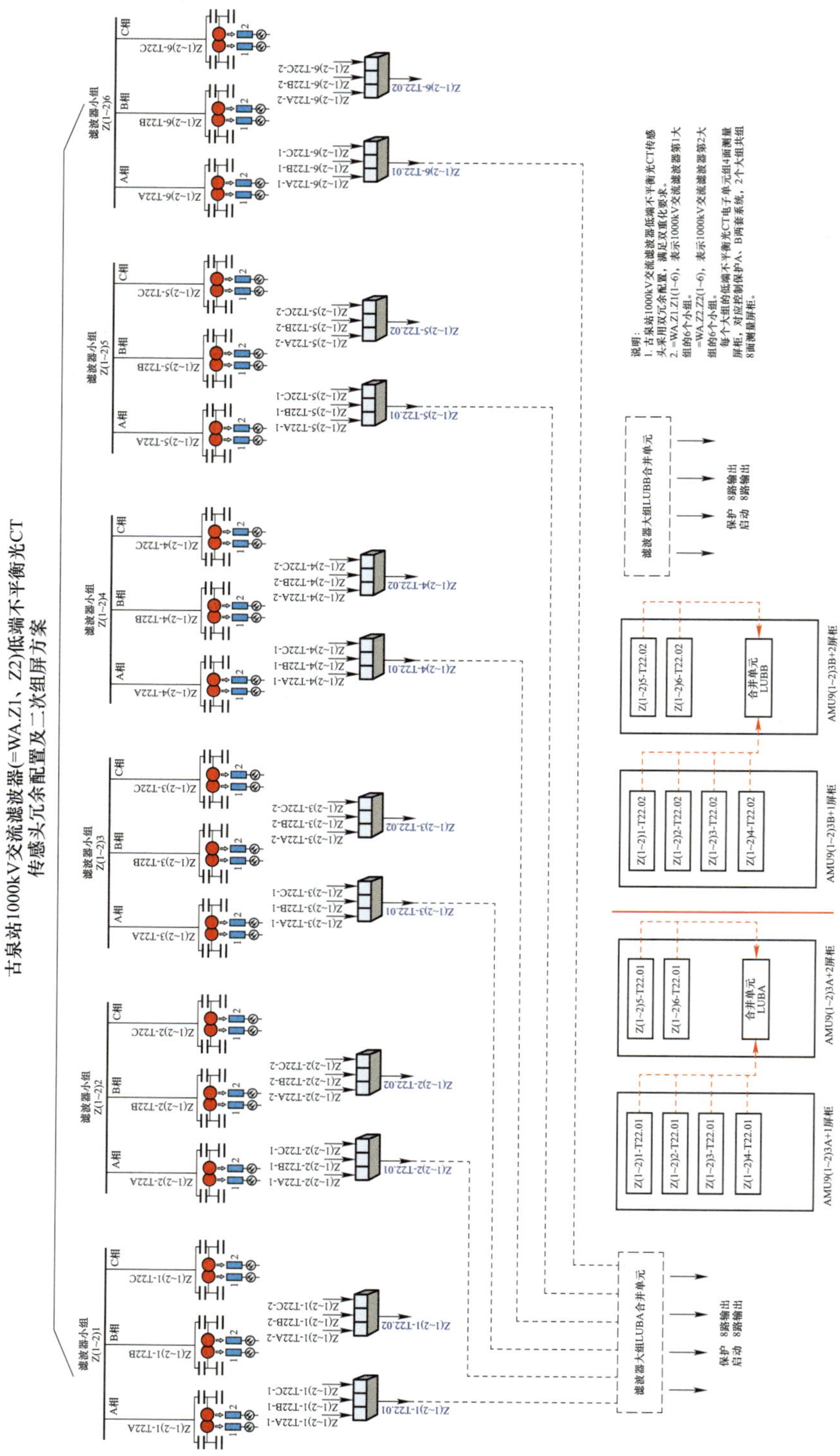

图 3-14 古泉站 1000kV 交流滤波器低端不平衡 400kV 光 CT 传感头冗余配置及二次组屏方案

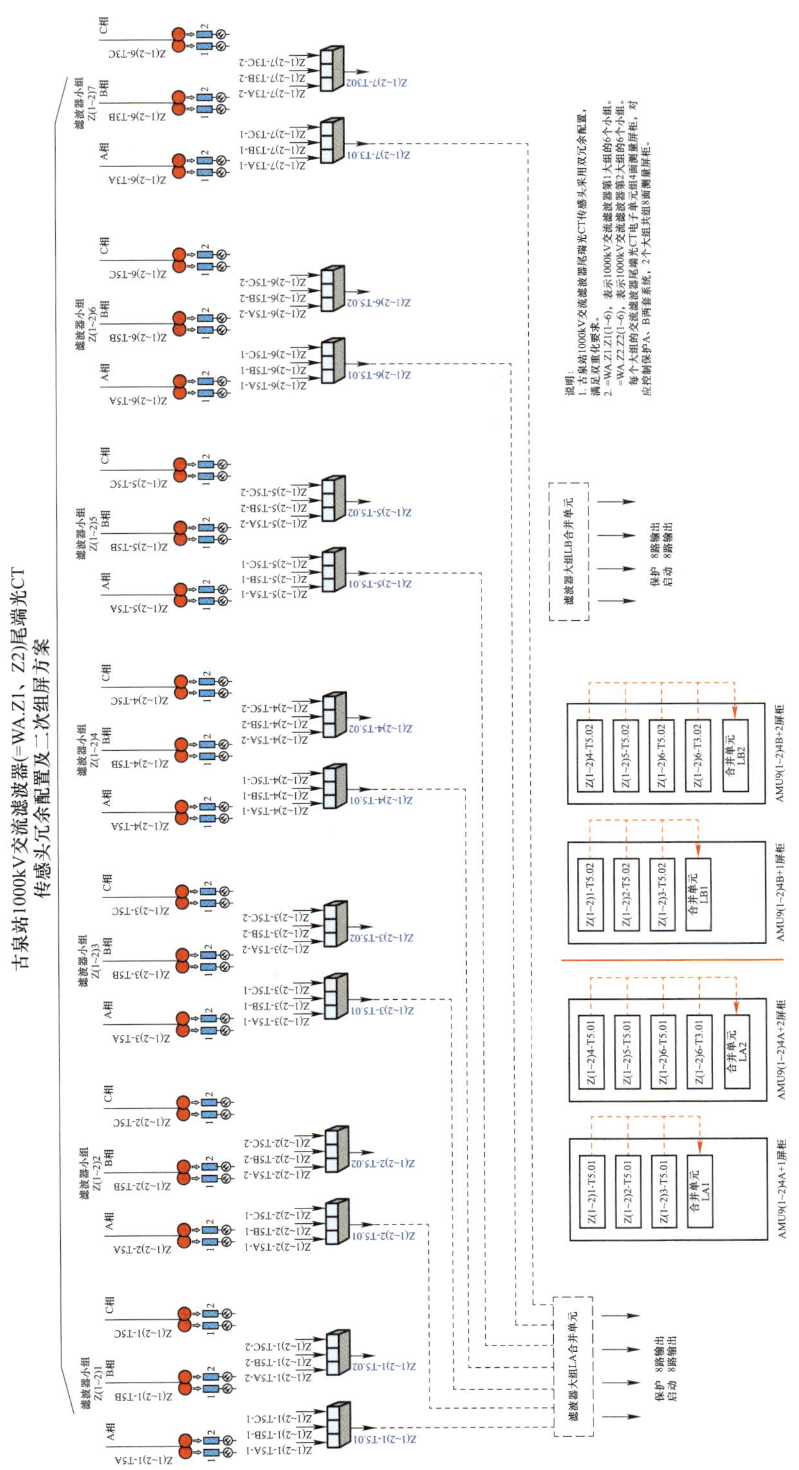

图 3－15　古泉站 1000kV 交流滤波器末端光 CT 传感头冗余配置及二次组屏方案

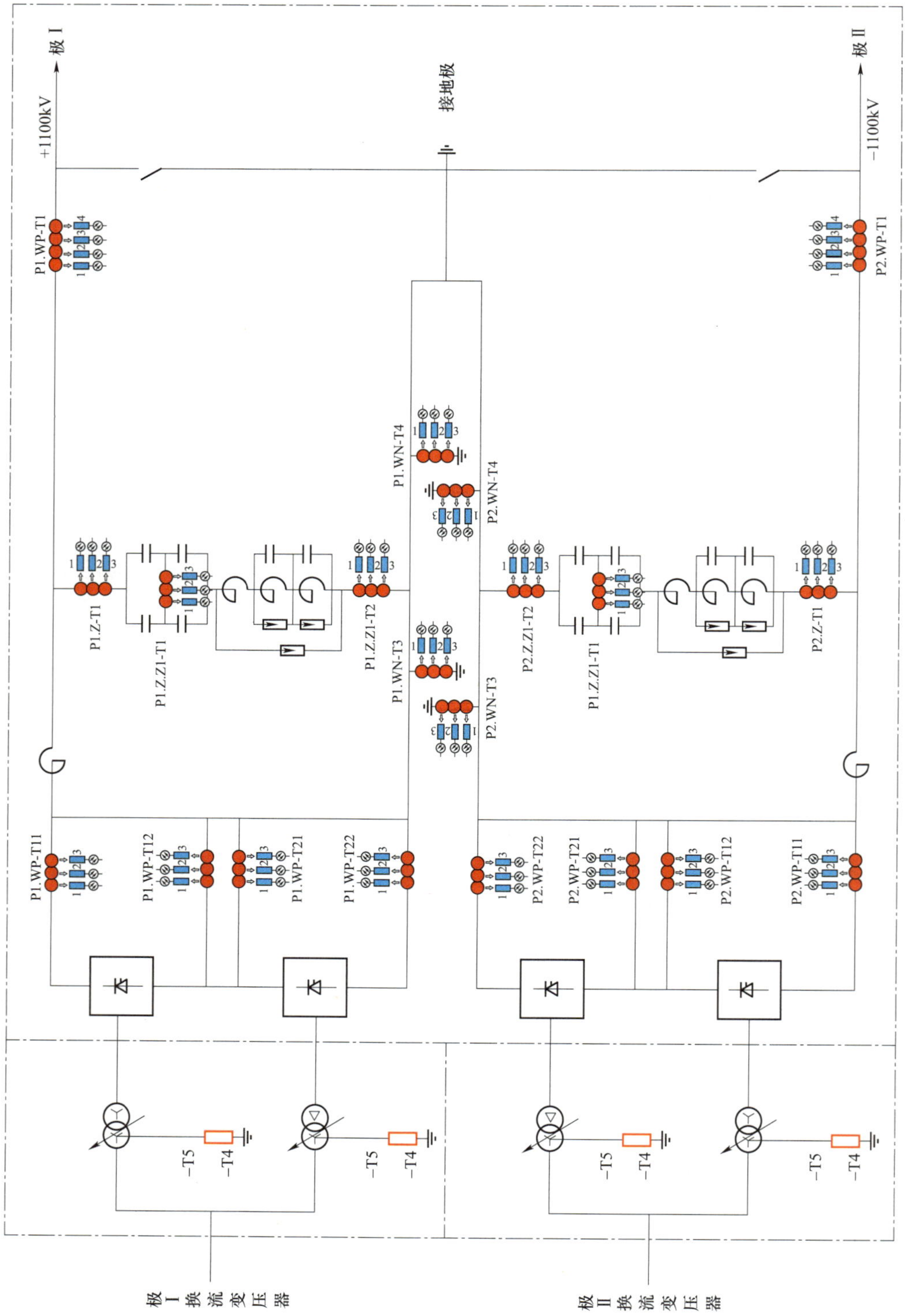

图 3-16 昌吉—古泉±1100kV 特高压直流输电工程古泉站直流场全光 CT 传感头配置

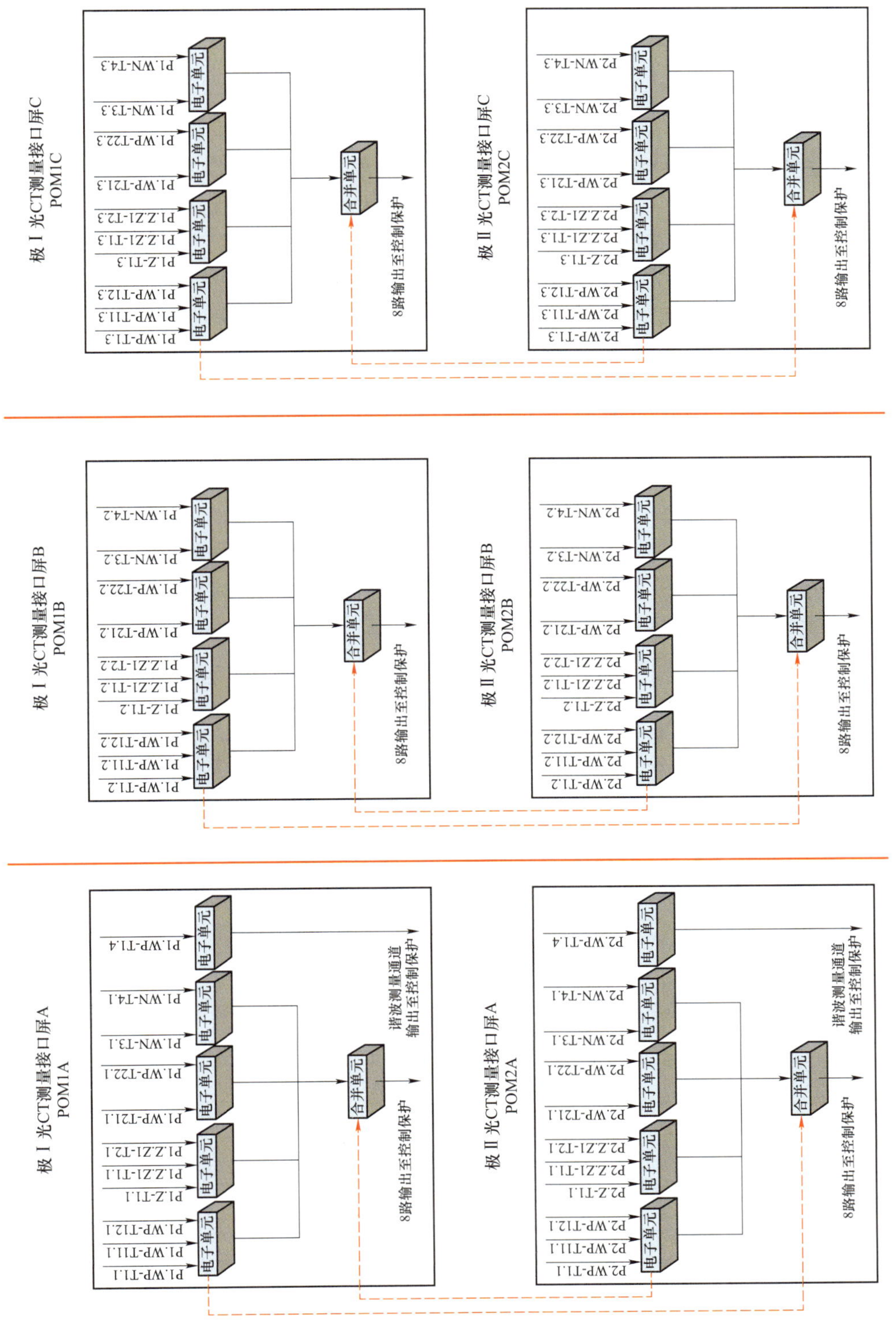

图 3-17 电子机箱配置方案

（7）昌吉—古泉±1100kV 特高压直流输电工程古泉站接地极址全光 CT 传感头配置如图 3－18 所示。

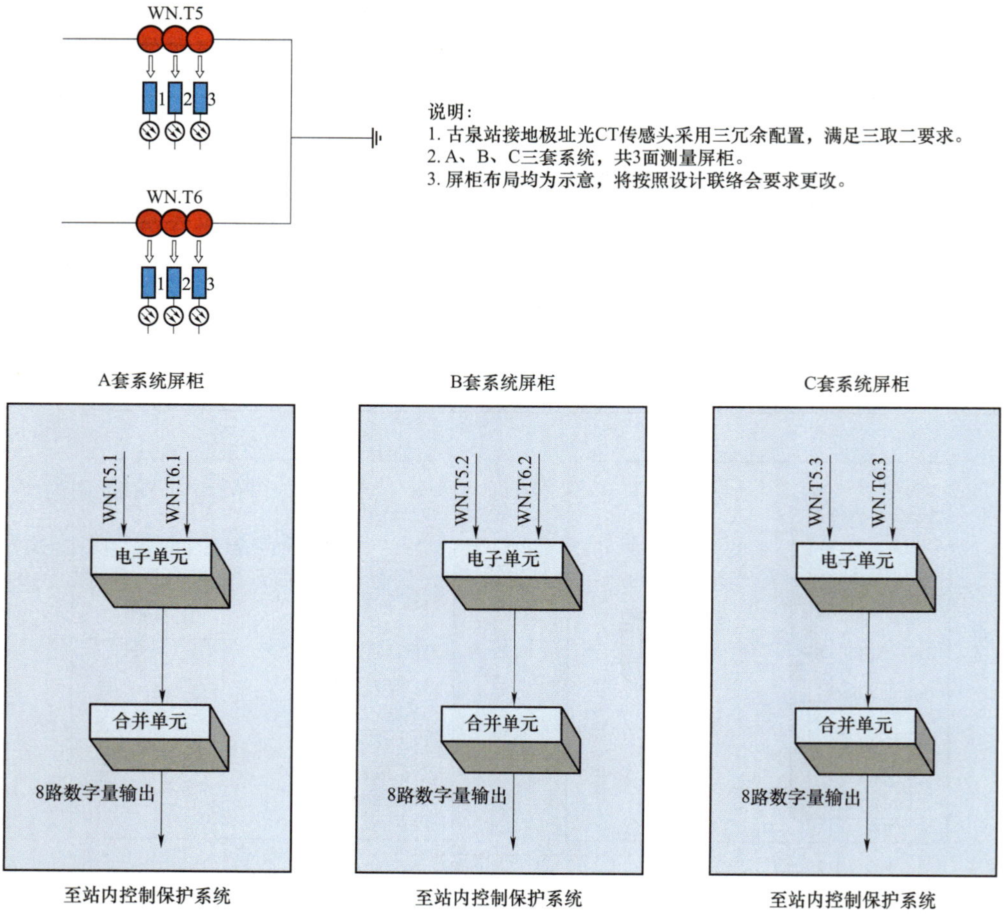

图 3－18　昌吉—古泉±1100kV 特高压直流输电工程古泉站接地极址全光 CT 传感头配置

2. 古泉站光 CT 设备参数

（1）古泉站光 CT 环境条件见表 3－1。

表 3－1　　**古泉站光 CT 环境条件**

使用条件	海拔		57.6～89.1m
	环境温度	最高日温度	40.7℃
		最低日温度	－13.8℃
		最高月平均温度	28.3℃
		最高年平均温度	16.1℃
	湿度	最小相对湿度	0.5%RH
		平均相对湿度	0.79%RH

续表

使用条件	最大覆冰厚度		10mm
	离地面高 10m 处，维持 10min 的平均最大风速		50 年一遇：30m/s
			100 年一遇：32.5m/s
	耐受地震能力	地面水平加速度	0.2g
		地震烈度	6 度
	污秽等级		按 D1 级考虑
	阀厅环境温度	最高温度	50℃
		最低温度	10℃
		长期运行温度	10～50℃
	阀厅湿度	最大湿度	60%RH
		长期运行湿度	50%RH

（2）光纤式直流电流测量装置技术参数见表 3－2。

表 3－2　　光纤式直流电流测量装置技术参数

型号及型式		阀组 1100kV 极线（户内）、直流场 1100kV 极线（户内）、直流滤波器高压侧（户内）POCT－1100，悬吊式	阀组 550kV 母线（户内）POCT－550，自立式/阀组 550kV 母线（户外）POCT－550，悬吊式	阀组中性母线（户外）、直流滤波器低压侧（户外）POCT－150，自立式
额定电压 U_d		1100kV	550kV	150kV
设备最高电压 U_m		1122kV	585kV	150kV
额定频率		DC	DC	DC
额定一次电流		5455A	5455A	5455A
一次最大持续直流电流（2h）		5839A	5839A	5839A
直流电流测量界限		稳态：600%I_{dN}	稳态：600%I_{dN}	稳态：600%I_{dN}
		暂态：1200%I_{dN}	暂态：1200%I_{dN}	暂态：1200%I_{dN}
额定短时热电流（1s）		50kA/35kA	50kA	50kA/35kA
额定动稳定电流		125kA/160kA	125kA	125kA/80kA
绝缘参数	直流耐受电压（60min）	1650kV	825kV	225kV
	直流局放试验电压及局放量	1650kV 最后 10min，≥1000pC 的脉冲＜10 次	825kV 最后 10min，≥1000pC 的脉冲＜10 次	225kV 最后 10min，≥1000pC 的脉冲＜10 次
	工频耐受电压（1min）	1238kV	643kV	275kV
	工频局放试验电压及局放量	1238kV，≤20pC	643kV，≤20pC	275kV，≤20pC
	雷电波全波冲击耐压（1.2/50μs）	2600kV	1350kV	600kV
	操作波冲击耐压	2100kV	1200kV	550kV

续表

型号及型式		阀组 1100kV 极线（户内）、直流场 1100kV 极线（户内）、直流滤波器高压侧（户内）POCT－1100，悬吊式	阀组 550kV 母线（户内）POCT－550，自立式/阀组 550kV 母线（户外）POCT－550，悬吊式	阀组中性母线（户外）、直流滤波器低压侧（户外）POCT－150，自立式
无线电干扰试验电压		≤2500μV	≤2500μV	≤2500μV
直流电流测量系统频率响应	最大允许幅值比偏差［300Hz 以下在 300A（rms）条件下，300～2000Hz 在 100A（rms）条件下］	0.75%	0.75%	0.75%
	最大允许相位移［300Hz 以下在 300A（rms）条件下，300～2000Hz 在 100A（rms）条件下］	500μs	500μs	500μs
直流电流测量系统的阶跃响应	响应时间	＜200μs	＜200μs	＜200μs
	最大超调量	20%	20%	20%
直流电流测量系统的精度	（10%～134%）I_d	0.2%	0.2%	0.2%
	（134%～300%）I_d	1%	1%	1%
	（300%～600%）I_d	2%	2%	2%
	5～50A 谐波（直流滤波器用）	1%	N.A	1%
滤波器不平衡 CT 测量精度要求	测量级	N.A	N.A	N.A
	保护级	N.A	N.A	N.A
滤波器不平衡 CT 频率响应	最大允许幅值比偏差	N.A	N.A	N.A
	最大允许相位移	N.A	N.A	N.A
滤波器不平衡 CT 阶跃响应	响应时间	N.A	N.A	N.A
	最大超调量	N.A	N.A	N.A
数字信号输出	数字信号采样率	10kHz	10kHz	10kHz
	额定二次输出值	数字信号	数字信号	数字信号
	输出通道数量	8	8	8
	数字量输出协议	IEC 60044－8	IEC 60044－8	IEC 60044－8
截止频率（−3dB）		7kHz	7kHz	7kHz
最大允许光纤传输信号衰减		总衰减＜4.5dB 一次高压部分光连接＜1dB	总衰减＜4.5dB 一次高压部分光连接＜1dB	总衰减＜4.5dB 一次高压部分光连接＜1dB
极线出口处电流谐波测量要求	一次额定谐波电流	300A（rms）	N.A	N.A
	一次最大持续谐波电流		N.A	N.A
	谐波电流测量要求	在 1～60A 谐波电流范围内的测量精度应不低于 1%	N.A	N.A

续表

型号及型式		阀组 1100kV 极线（户内）、直流场 1100kV 极线（户内）、直流滤波器高压侧（户内）POCT－1100，悬吊式	阀组 550kV 母线（户内）POCT－550，自立式/阀组 550kV 母线（户外）POCT－550，悬吊式	阀组中性母线（户外）、直流滤波器低压侧（户外）POCT－150，自立式
外绝缘最小爬电距离		53400mm	20000/30928mm	8710mm
最小干弧距离		13370mm	6076/8836mm	2499mm
一次接线端子机械强度	水平纵向	3000N	3000N	3000N
	垂直方向	2000N	2000N	2000N
	水平横向	2000N	2000N	2000N
	静态安全系数	2.5	2.5	2.5
质量/kg	每台互感器总质量（包括附件）	370	159/245	84
	不包括附件的每台互感器质量	250	79/165	55
	运输质量	900	400/600	200
外形尺寸	组装好的互感器总高度	17984mm	7631/10766mm	3658mm
	组装好的互感器宽度	2000mm	1300/1300mm	438mm
	运输尺寸（长×宽×高）	8000mm×1500mm×800mm	9900mm×800mm×800mm/7000mm×1300mm×800mm	4500mm×500mm×500mm

（3）中性线电容器及避雷器电流测量装置参数见表 3－3。

表 3－3　　中性线电容器及避雷器电流测量装置参数

型号及型式		直流场中性母线电容器、避雷器电流互感器 POCT－150，自立式
额定电压 U_d		24kV
设备最高电压 U_m		150kV
额定频率		50Hz
额定一次电流		2000A
一次最大持续直流电流（2h）		
直流电流测量界限		稳态：600%I_{dN}
		暂态：1200%I_{dN}
额定短时热电流（1s）		40kA
额定动稳定电流		100kA
绝缘参数	直流耐受电压（60min）	225kV

续表

型号及型式		直流场中性母线电容器、避雷器电流互感器 POCT－150，自立式
绝缘参数	直流局放试验电压及局放量	225kV 最后 10min，≥1000pC 的脉冲＜10 次
	工频耐受电压（1min）	275kV
	工频局放试验电压及局放量	275kV，≤20pC
	雷电波全波冲击耐压（1.2/50μs）	600kV
	操作波冲击耐压	550kV
无线电干扰试验电压		≤2500μV
直流电流测量系统频率响应	最大允许幅值比偏差［300Hz 以下在 300A（rms）条件下，300～2000Hz 在 100A（rms）条件下］	3%
	最大允许相位移［300Hz 以下在 300A_{rms} 条件下，300～2000Hz 在 100A（rms）条件下］	＜1ms
直流电流测量系统的阶跃响应	响应时间	
	最大超调量	
直流电流测量系统的精度	（10%～134%）I_d	0.2 级
	（134%～300%）I_d	
	（300%～600%）I_d	
	5～50A 谐波（直流滤波器用）	N.A
滤波器不平衡 CT 测量精度要求	测量级	N.A
	保护级	N.A
滤波器不平衡 CT 频率响应	最大允许幅值比偏差	N.A
	最大允许相位移	N.A
滤波器不平衡 CT 阶跃响应	响应时间	N.A
	最大超调量	N.A
数字信号输出	数字信号采样率	10kHz
	额定二次输出值	数字信号
	输出通道数量	8
	数字量输出协议	IEC 60044－8
截止频率（-3dB）		2kHz
最大允许光纤传输信号衰减		总衰减＜4.5dB 一次高压部分光连接＜1dB

续表

型号及型式		直流场中性母线电容器、避雷器电流互感器 POCT－150，自立式
极线出口处电流谐波测量要求	一次额定谐波电流	N.A
	一次最大持续谐波电流	N.A
	谐波电流测量要求	N.A
外绝缘最小爬电距离		8710mm
最小干弧距离		2499mm
一次接线端子机械强度	水平纵向	3000N
	垂直方向	2000N
	水平横向	2000N
	静态安全系数	2.5
质量/kg	每台互感器总质量（包括附件）	84
	不包括附件的每台互感器质量	55
	运输质量	200
外形尺寸	组装好的互感器总高度	3658mm
	组装好的互感器宽度	438mm
	运输尺寸（长×宽×高）	4500mm×500mm×500mm

（4）直流滤波器不平衡电流测量装置参数见表3－4。

表3－4　　直流滤波器不平衡电流测量装置参数

型号及型式	直流滤波器不平衡电流互感器 POCT－550，悬吊式
额定电压 U_d	550kV
设备最高电压 U_m	600kV
额定频率	600Hz
额定一次电流	1.0A
一次最大持续直流电流（2h）	8.0A
直流电流测量界限	稳态：满足技术规范要求
	暂态：0.1kA（crest）
额定短时热电流（1s）	1.0kA
额定动稳定电流	20kA

续表

型号及型式		直流滤波器不平衡电流互感器 POCT－550，悬吊式
绝缘参数	直流耐受电压（60min）	符合 GB/T 26216.1—2019 要求
	直流局放试验电压及局放量	符合 GB/T 26216.1—2019 要求
	工频耐受电压（1min）	符合 GB/T 26216.1—2019 要求
	工频局放试验电压及局放量	符合 GB/T 26216.1—2019 要求
	雷电波全波冲击耐压（1.2/50μs）	2100kV
	操作波冲击耐压	1650kV
无线电干扰试验电压		≤2500μV
直流电流测量系统频率响应	最大允许幅值比偏差［300Hz 以下在 300A（rms）条件下，300～2000Hz 在 100A（rms）条件下］	N.A
	最大允许相位移［300Hz 以下在 300A（rms）条件下，300～2000Hz 在 100A（rms）条件下］	N.A
直流电流测量系统的阶跃响应	响应时间	N.A
	最大超调量	N.A
直流电流测量系统的精度	（10%～134%）I_d	N.A
	（134%～300%）I_d	N.A
	（300%～600%）I_d	N.A
	5～50A 谐波（直流滤波器用）	N.A
滤波器不平衡 CT 测量精度要求	测量级	1.0
	保护级	5P15
滤波器不平衡 CT 频率响应	最大允许幅值比偏差	3%
	最大允许相位移	1ms
滤波器不平衡 CT 阶跃响应	响应时间	符合 GB/T 26216.1—2019 要求
	最大超调量	20%
数字信号输出	数字信号采样率	10kHz
	额定二次输出值	数字信号
	输出通道数量	8
	数字量输出协议	IEC 60044－8
截止频率（−3dB）		2kHz
最大允许光纤传输信号衰减		总衰减＜4.5dB 一次高压部分光连接＜1dB

续表

型号及型式		直流滤波器不平衡电流互感器 POCT－550，悬吊式
极线出口处电流谐波测量要求	一次额定谐波电流	N.A
	一次最大持续谐波电流	N.A
	谐波电流测量要求	N.A
外绝缘最小爬电距离		20300mm
最小干弧距离		5970mm
一次接线端子机械强度	水平纵向	3000N
	垂直方向	2000N
	水平横向	2000N
	静态安全系数	2.5
质量/kg	每台互感器总质量（包括附件）	215
	不包括附件的每台互感器质量	130
	运输质量	320
外形尺寸	组装好的互感器总高度	7626mm
	组装好的互感器宽度	1250mm
	运输尺寸（长×宽×高）	5000mm×1000mm×800mm

（5）交流滤波器不平衡电流测量装置参数见表3－5。

表3－5　　交流滤波器不平衡电流测量装置参数

型号及型式	交流滤波器不平衡电流互感器		
	POCT－300，自立式	POCT－400，悬吊式	POCT－800，悬吊式
额定电压 U_d	300kV（rms）	400kV（rms）	800kV（rms）
设备最高电压 U_m	300kV	400kV	800kV
额定频率	50Hz	50Hz	50Hz
额定一次电流	1.0A	1.0A	1.0A
一次最大持续直流电流（2h）	8.0A	8.0A	8.0A
直流电流测量界限	稳态：满足技术规范要求	稳态：满足技术规范要求	稳态：满足技术规范要求
	暂态：0.1kA（crest）	暂态：0.1kA（crest）	暂态：0.1kA（crest）
额定短时热电流（1s）	1.0kA	1.0kA	1.0kA
额定动稳定电流	30kA	30kA	30kA

续表

型号及型式		交流滤波器不平衡电流互感器		
		POCT－300，自立式	POCT－400，悬吊式	POCT－800，悬吊式
绝缘参数	直流耐受电压（60min）	符合 GB/T 26216.1—2019 要求	符合 GB/T 26216.1—2019 要求	符合 GB/T 26216.1—2019 要求
	直流局放试验电压及局放量	符合 GB/T 26216.1—2019 要求	符合 GB/T 26216.1—2019 要求	符合 GB/T 26216.1—2019 要求
	工频耐受电压（1min）	符合 GB/T 26216.1—2019 要求	符合 GB/T 26216.1—2019 要求	符合 GB/T 26216.1—2019 要求
	工频局放试验电压及局放量	符合 GB/T 26216.1—2019 要求	符合 GB/T 26216.1—2019 要求	符合 GB/T 26216.1—2019 要求
	雷电波全波冲击耐压（1.2/50μs）	950kV	1275kV	2100kV
	操作波冲击耐压（kV）	750kV	975kV	1600kV
无线电干扰试验电压		≤2500μV	≤2500μV	≤2500μV
直流电流测量系统频率响应	最大允许幅值比偏差［300Hz 以下在 300A(rms)条件下，300～2000Hz 在 100A（rms）条件下］	N.A	N.A	N.A
	最大允许相位移［300Hz 以下在 300A（rms）条件下，300～2000Hz 在 100A（rms）条件下］	N.A	N.A	N.A
直流电流测量系统的阶跃响应	响应时间	N.A	N.A	N.A
	最大超调量	N.A	N.A	N.A
直流电流测量系统的精度	（10%～134%）I_d	N.A	N.A	N.A
	（134%～300%）I_d	N.A	N.A	N.A
	（300%～600%）I_d	N.A	N.A	N.A
	5～50A 谐波（直流滤波器用）	N.A	N.A	N.A
滤波器不平衡 CT 测量精度要求	测量级	1.0	1.0	1.0
	保护级	5P15	5P15	5P15
滤波器不平衡 CT 频率响应	最大允许幅值比偏差	3%	3%	3%
	最大允许相位移	1ms	1ms	1ms
滤波器不平衡 CT 阶跃响应	响应时间	符合 GB/T 26216.1—2019 要求	符合 GB/T 26216.1—2019 要求	符合 GB/T 26216.1—2019 要求
	最大超调量	20%	20%	20%
数字信号输出	数字信号采样率	10kHz	10kHz	10kHz
	额定二次输出值	数字信号	数字信号	数字信号

续表

型号及型式		交流滤波器不平衡电流互感器		
		POCT－300，自立式	POCT－400，悬吊式	POCT－800，悬吊式
数字信号输出	输出通道数量	8	8	8
	数字量输出协议	IEC60044－8	IEC60044－8	IEC60044－8
截止频率（–3dB）		2kHz	2kHz	2kHz
最大允许光纤传输信号衰减		总衰减＜4.5dB 一次高压部分光连接＜1dB	总衰减＜4.5dB 一次高压部分光连接＜1dB	总衰减＜4.5dB 一次高压部分光连接＜1dB
极线出口处电流谐波测量要求	一次额定谐波电流	N.A	N.A	N.A
	一次最大持续谐波电流	N.A	N.A	N.A
	谐波电流测量要求	N.A	N.A	N.A
外绝缘最小爬电距离		8500mm	22315mm	30044mm
最小干弧距离		2499mm	6560mm	8830mm
一次接线端子机械强度	水平纵向	3000N	3000N	3000N
	垂直方向	2000N	2000N	2000N
	水平横向	2000N	2000N	2000N
	静态安全系数	2.5	2.5	2.5
质量/kg	每台互感器总质量（包括附件）	88	239	358
	不包括附件的每台互感器质量	78	220	288
	运输质量	150	500	750
外形尺寸	组装好的互感器总高度	3305mm	7736mm	10011mm
	组装好的互感器宽度	438mm	900mm	1500mm
	运输尺寸（长×宽×高）	4000mm×500mm×500mm	5000mm×1000mm×500mm	7000mm×1000mm×800mm

（6）1000kV 交流滤波器光纤式电流测量装置参数见表 3－6。

表 3－6　　1000kV 交流滤波器光纤式电流测量装置参数

型号及型式	1000kV 交流滤波器低压侧 POCT－24，自立式	1000kV 交流滤波器高压侧 POCT－1000，悬吊式
额定电压 U_d	24kV（rms）	1000kV（rms）
设备最高电压 U_m	24kV	1000kV
额定频率	50Hz	50Hz
额定一次电流	500A	测量级 1000A 保护级 2000A

续表

型号及型式		1000kV 交流滤波器低压侧 POCT－24，自立式	1000kV 交流滤波器高压侧 POCT－1000，悬吊式
一次最大持续直流电流（2h）		满足技术规范要求	满足技术规范要求
直流电流测量界限		稳态：满足技术规范要求	稳态：满足技术规范要求
		暂态：满足技术规范要求	暂态：满足技术规范要求
额定短时热电流（1s）		63kA	63kA
额定动稳定电流		160kA	160kA
绝缘参数	直流耐受电压（60min）	符合 GB/T 26216.1—2019 要求	符合 GB/T 26216.1—2019 要求
	直流局放试验电压及局放量	符合 GB/T 26216.1—2019 要求	符合 GB/T 26216.1—2019 要求
	工频耐受电压（1min）	65kV	1050kV
	工频局放试验电压及局放量	符合 GB/T 26216.1—2019 要求	符合 GB/T 26216.1—2019 要求
	雷电波全波冲击耐压（1.2/50μs）	125kV	2250kV
	操作波冲击耐压	—	1800kV
无线电干扰试验电压		≤2500μV	≤2500μV
直流电流测量系统频率响应	最大允许幅值比偏差［300Hz 以下在 300A（rms）条件下，300～2000Hz 在 100A（rms）条件下］	N.A	N.A
	最大允许相位移［300Hz 以下在 300A（rms）条件下，300～2000Hz 在 100A（rms）条件下］	N.A	N.A
直流电流测量系统的阶跃响应	响应时间	N.A	N.A
	最大超调量	N.A	N.A
直流电流测量系统的精度	（10%～134%）I_d	N.A	N.A
	（134%～300%）I_d	N.A	N.A
	（300%～600%）I_d	N.A	N.A
	5～50A 谐波（直流滤波器用）	N.A	N.A
CT 测量精度要求	测量级	0.2	0.2
	保护级	5P40	5P40
滤波器不平衡 CT 频率响应	最大允许幅值比偏差	N.A	N.A
	最大允许相位移	N.A	N.A
滤波器不平衡 CT 阶跃响应	响应时间	N.A	N.A
	最大超调量	N.A	N.A

续表

型号及型式		1000kV 交流滤波器低压侧 POCT－24，自立式	1000kV 交流滤波器高压侧 POCT－1000，悬吊式
数字信号输出	数字信号采样率	10kHz	10kHz
	额定二次输出值	数字信号	数字信号
	输出通道数量	8	8
	数字量输出协议	IEC 60044－8	IEC 60044－8
截止频率（－3dB）		2kHz	2kHz
最大允许光纤传输信号衰减		总衰减＜4.5dB 一次高压部分光连接＜1dB	总衰减＜4.5dB 一次高压部分光连接＜1dB
极线出口处电流谐波测量要求	一次额定谐波电流	N.A	N.A
	一次最大持续谐波电流	N.A	N.A
	谐波电流测量要求	N.A	N.A
外绝缘最小爬电距离		1235mm	32100mm
最小干弧距离		383mm	9499mm
一次接线端子机械强度	水平纵向	3000N	3000N
	垂直方向	2000N	2000N
	水平横向	2000N	2000N
	静态安全系数	2.5	2.5
质量/kg	每台互感器总质量（包括附件）	73	338
	不包括附件的每台互感器质量	65	258
	运输质量	120	700
外形尺寸	组装好的互感器总高度	1284mm	12012mm
	组装好的互感器宽度	373mm	1300mm
	运输尺寸（长×宽×高）	1500mm×500mm×500mm	5000mm×1300mm×800mm

（7）接地极光纤式直流电流测量装置参数见表 3－7。

表 3－7　　接地极光纤式直流电流测量装置参数

型号及型式	接地极光纤式电流互感器 POCT－40，自立式
额定电压 U_d	40kV
设备最高电压 U_m	40kV
额定频率	DC
额定一次电流	5455A

续表

型号及型式		接地极光纤式电流互感器 POCT－40，自立式
一次最大持续直流电流（2h）		5839A
直流电流测量界限		稳态：600%I_{dN}
		暂态：1200%I_{dN}
额定短时热电流（1s）		50kA
额定动稳定电流		125kA
绝缘参数	直流耐受电压（60min）	60kV
	直流局放试验电压及局放量	60kV 最后 10min，≥1000pC 的脉冲＜10 次
	工频耐受电压（1min）	符合 GB/T 26216.1—2019 要求
	工频局放试验电压及局放量	符合 GB/T 26216.1—2019 要求
	雷电波全波冲击耐压（1.2/50μs）	125kV
	操作波冲击耐压	符合 GB/T 26216.1—2019 要求
无线电干扰试验电压		≤2500μV
直流电流测量系统频率响应	最大允许幅值比偏差[300Hz 以下在 300A（rms）条件下，300～2000Hz 在 100A（rms）条件下]	0.75%
	最大允许相位移［300Hz 以下在 300A（rms）条件下，300～2000Hz 在 100A（rms）条件下］	500μs
直流电流测量系统的阶跃响应	响应时间	＜200μs
	最大超调量	20%
直流电流测量系统的精度	（10%～134%）I_d	0.2%
	（134%～300%）I_d	1%
	（300%～600%）I_d	2%
	5～50A 谐波（直流滤波器用）	N.A
滤波器不平衡 CT 测量精度要求	测量级	N.A
	保护级	N.A
滤波器不平衡 CT 频率响应	最大允许幅值比偏差	N.A
	最大允许相位移	N.A
滤波器不平衡 CT 阶跃响应	响应时间	N.A
	最大超调量	N.A
数字信号输出	数字信号采样率	10kHz
	额定二次输出值	数字信号

续表

型号及型式		接地极光纤式电流互感器 POCT－40，自立式
数字信号输出	输出通道数量	8
	数字量输出协议	IEC 60044－8
截止频率（－3dB）		7kHz
最大允许光纤传输信号衰减		总衰减＜4.5dB 一次高压部分光连接＜1dB
极线出口处电流谐波测量要求	一次额定谐波电流	N.A
	一次最大持续谐波电流	N.A
	谐波电流测量要求	N.A
外绝缘最小爬电距离		8710mm
最小干弧距离		2499mm
一次接线端子机械强度	水平纵向	3000N
	垂直方向	2000N
	水平横向	2000N
	静态安全系数	2.5
质量/kg	每台互感器总质量（包括附件）	63
	不包括附件的每台互感器质量	55
	运输质量	150
外形尺寸	组装好的互感器总高度	3658mm
	组装好的互感器宽度	438mm
	运输尺寸（长×宽×高）	4500mm×500mm×500mm

3.2 零磁通电流互感器理论培训

3.2.1 古泉站零磁通电流互感器测点配置

零磁通式直流电流测量装置共 8 个测点，每个测点配置 3 个测量模块，共配置 6 面屏，所有测点数据分别传输至 3 套完全独立的合并单元，分别对应 A/B/C 三套系统。昌吉—古泉±1100kV 特高压直流输电工程古泉站直流场零磁通 CT 传感头配置如图 3－19 所示。组屏方案如图 3－20 所示。

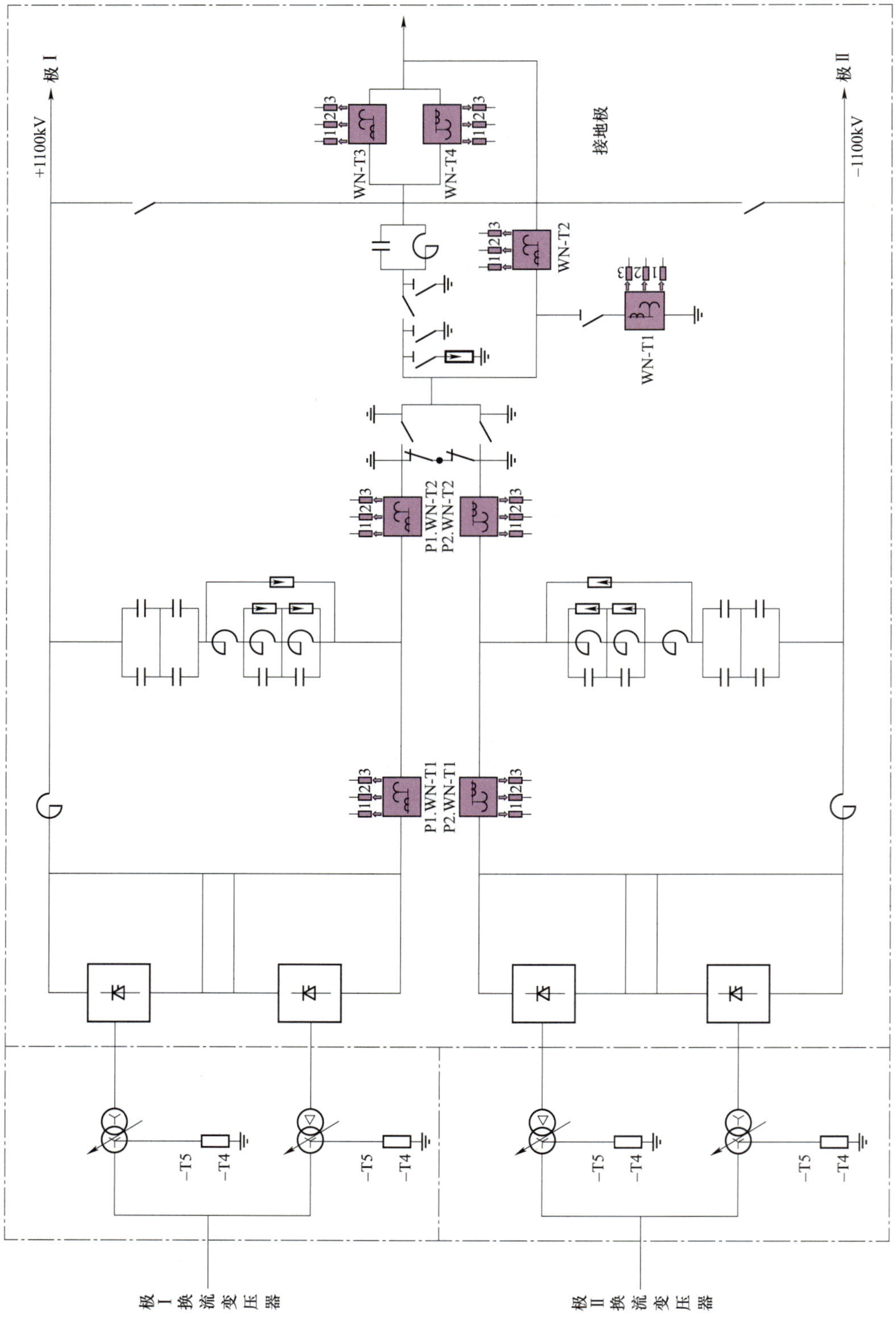

图 3-19 昌吉—古泉±1100kV 特高压直流输电工程古泉站直流场零磁通 CT 传感头配置

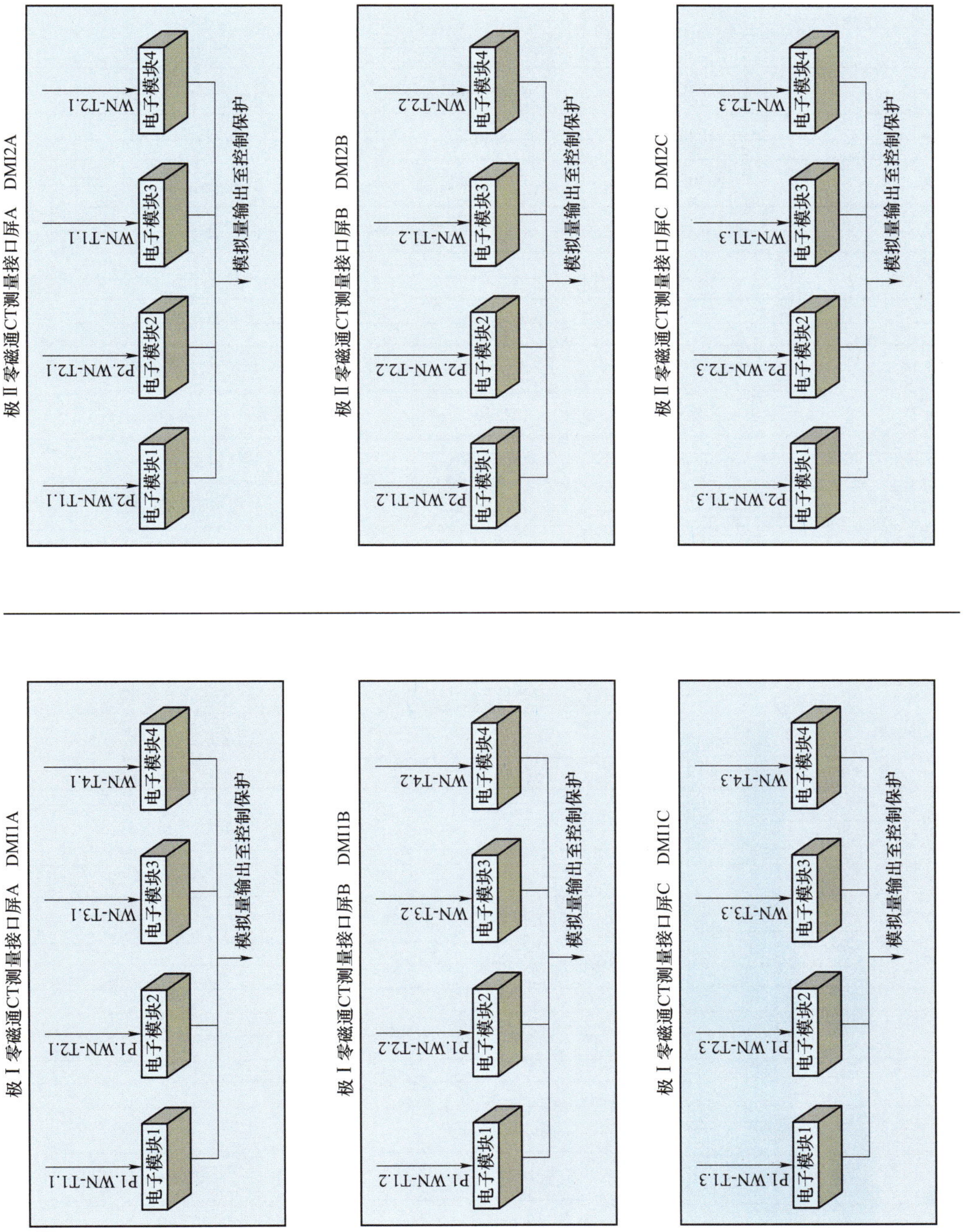
极Ⅱ零磁通CT测量接口屏A DMI2A
P2.WN-T1.1
P2.WN-T2.1
WN-T1.1
WN-T2.1
电子模块1
电子模块2
电子模块3
电子模块4
模拟量输出至控制保护
极Ⅱ零磁通CT测量接口屏B DMI2B
P2.WN-T1.2
P2.WN-T2.2
WN-T1.2
WN-T2.2
极Ⅱ零磁通CT测量接口屏C DMI2C
P2.WN-T1.3
P2.WN-T2.3
WN-T1.3
WN-T2.3
极Ⅰ零磁通CT测量接口屏A DMI1A
P1.WN-T1.1
P1.WN-T2.1
WN-T3.1
WN-T4.1
极Ⅰ零磁通CT测量接口屏B DMI1B
P1.WN-T1.2
P1.WN-T2.2
WN-T3.2
WN-T4.2
极Ⅰ零磁通CT测量接口屏C DMI1C
P1.WN-T1.3
P1.WN-T2.3
WN-T3.3
WN-T4.3

图 3-20 组屏方案

零磁通直流电流测量装置参数见表 3－8。

表 3－8　　零磁通直流电流测量装置参数

型号		595－10
额定电压		150kV
额定频率		DC
额定直流电流		5455A
一次最大持续直流电流（2h）		5839A
稳态直流测量界限		6818A
暂态直流测量界限		40kA
直流电压耐受及局部放电水平（60min）		满足技术规范要求
绝缘水平	雷电波全波冲击耐压（1.2/50μs）	600kV
	操作波冲击耐压	550kV
	1min 工频耐压	一次绕组对地 275kV
		二次绕组对地 3kV
		二次绕组匝间绝缘 3kV
		末屏小套管对地 3kV
介质损耗因数（15～25℃）tanδ	测量点 1	满足技术规范要求
	测量点 2	满足技术规范要求
	测量 3	满足技术规范要求
额定短时热电流（1s）		40kA（rms）
额定动稳定电流		100kA（crest）
直流电流测量系统频率响应	在 50～1500Hz 频率范围内幅值比	3%
	在 50Hz 电流下的最大相角差	±10°
直流电流测量系统的阶跃响应	响应时间	＜400μs
	最大超调量	
	响应降至阶跃电流的 1.5%范围处的时间	＜5ms
直流电流测量系统的精度	（10%～134%）I_d	0.20%
	（134%～300%）I_d	1.50%
	（300%～600%）I_d	10%
	1% I_d（针对 NBGS、接地极电流）	不小于 0.5%

续表

一次接线端子机械强度	水平纵向	3000N
	垂直方向	1500N
	水平横向	2000N
	静态安全系数	2.75
质量/kg	每台互感器总质量（包括附件）	910
	不包括附件的每台互感器质量	850
	运输质量	1800
外形尺寸	组装好的互感器总高度	712mm
	组装好的互感器宽度	880mm
	运输尺寸（长×宽×高）	6500mm×1200mm×1100mm

3.2.2 直流测量装置实训平台配置情况

直流测量装置实训平台包含全光纤式电流互感器（光 CT）和零磁通式电流互感器（零磁通 CT）两种类型的电流测量装置。实训平台配置的光 CT 和零磁通 CT 实训系统与实际直流工程现场供货的光 CT 和零磁通 CT 的架构相同、设备功能相同。

光 CT 实训系统根据实际工程配置，主要包含光 CT 一次设备、CMB 线缆转接箱（含温度传感器）、电子单元组成。光 CT 一次设备包括光纤传感环、光纤绝缘子、相位调制器组成，主要实现对一次电流的传感；CMB 线缆转接箱为工程常规配置，光 CT 本体侧的光缆和调制电缆在 CMB 内熔接、转接后连接到屏柜中的电子单元；电子单元主要由 SLD 光源、光探测器、信号处理单元组成，通过信号调理及数字处理解调出正比于一次电流的数字量，输出满足工程要求的数字信号。

零磁通 CT 实训系统根据实际工程配置，由一次测量头和电子模块组成。一次通测量头和电子模块组成一套完整的零磁通测量系统，实现对一次电流的测量并以模拟信号进行输出。

为了满足光 CT 和零磁通 CT 的实训需求，配置直流测量系统故障模拟及操作测试培训系统 1 套，由高精度直流电流源、快速暂态设备、故障录波装置和 CT 关键状态监测及故障模拟监测装置组成。高精度直流电流源用于给光 CT 和零磁通 CT 施加所需求的一次电流，模拟直流测量设备实际运行的工况，测试 CT 在稳态情况下的输出及设备性能。快速暂态设备用于输出满足要求的暂态电流，测试 CT 在暂态情况下的输出及设备的暂态特性性能。故障录波装置用于对光 CT 和零磁通 CT 测量系统输出的二次信号进行解析和实时显示，能够长期监视 CT 测量系统的输出，捕捉 CT 的各类稳态和暂态故障。CT 关键状态监测及故障模拟监测装置能够实时监视并记录光 CT 和零磁通 CT 的各关键状态参数，并基于状态数据的收集动态提供展示 CT 状态监视健康状态，同时及提供故障预警功能。整个直流测量装置实训平台布置如图 3－21 所示。

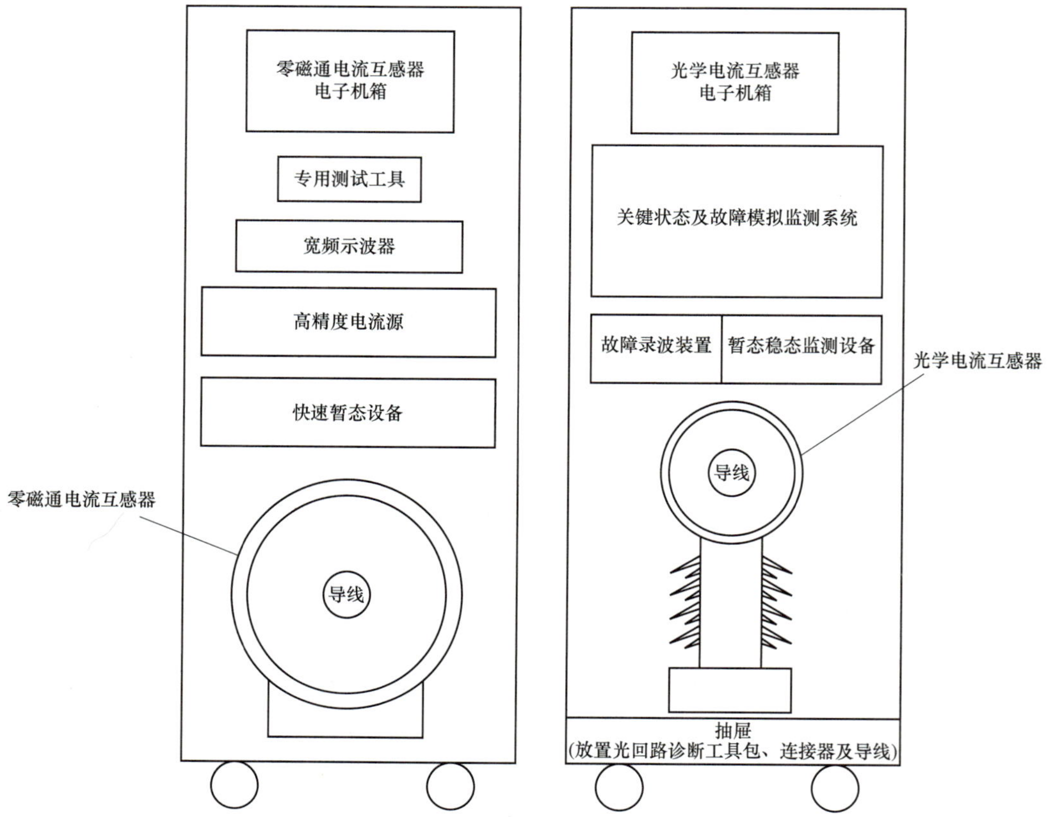

图 3－21　直流测量装置实训平台布置

直流测量装置实训系统配置测试控制柜 2 面，用于集成安装光 CT 本体、光 CT 电子机箱、零磁通 CT 本体、零磁通电子模块、高精度电流源、快速暂态设备、关键状态监测及故障模拟监测系统、故障录波仪、暂态稳态监测设备；根据光 CT 实训需求，配置光纤熔接机、光时域反射仪、光纤耦合器、光源、光功率计等光 CT 检修和诊断专用工器具，用于光 CT 的故障检测和设备维护检修。根据零磁通 CT 实训需求，配置零磁通专用测试盒、宽频示波器等工器具，用于零磁通 CT 的故障检测和设备维护检修。